PREFACE

前 言

在我们的潜意识中，正向思维是一种快速有效的思维方式，遇到问题时习惯朝着正方向去思考。这是因为事物的存在、事件的发展都是正向的，从上到下，从因到果，从小到大。就是说，正向思维缘于事物的方向性，我们按照常规、惯性看待和解决问题，自然可以快速达成预期目标。而且，很多时候，如果我们用常规思维、固有逻辑来思考问题，可以省掉很多麻烦，少走不少弯路。

但问题在于，当我们习惯于运用正向思维、常规方式做事的时候，就容易形成思维定式，不自觉地遵循固有的套路，甚至导致思维越来越僵化，失去思考力、创造力和想象力。其产生的结果非常糟糕，不仅会让我们陷入平庸、遭遇失败，甚至成为像动物一样不善于用大脑思考，而是大多以机械性的生理反应为主。

所以，我们可以运用正向思维思考问题，但是也要学会逆转和发散思维，让思维呈现多面化。尤其要学会逆向思维，基于对立、反向、颠倒等多角度思考问题，打破原有的思维模式，即从下往上看，从结果倒推，从大关注小。角度不一样了，位置发生了变化，逻辑发生了改变，心理出现逆转，自然会产生不一样的结果。

事物往往呈现出多面性，做好某件事也有多种方法，因此，我们必须具备逆向思维的能力。当看不懂、摸不透某个事物的时候，换个角度去观察，可能就会豁然开朗；当遇到难题、遭遇瓶颈的时候，试试逆向思考，可能很容易就迎刃而解了；当紧盯某个方向前进，却步步受阻的时候，不妨看看旁边有没有路，或是回头看看，也许就能找到捷径。

逆向思维不是沿着原路返回，而是跳跃到一条新的道路上前进。它有两个鲜明的特点：一是思维方式比较新颖，是以反传统、反常规、反定式的方式提出问题，给人以耳目一新的感觉；二是反常的对立性，即对传统、惯例、常规的挑战。它能够克服思维定式，破除由经验和习惯造成的僵化的认识模式。

总而言之，人和人的差别，很大一部分在于思维。思维方式能影响和改变人的认知、行为乃至一生。所以，想要有所成就、改变人生，如果常规思维行不通，那么就用逆向思维去出奇制胜吧！

逆向思维

卜翔宇　编著

北方联合出版传媒(集团)股份有限公司
万卷出版有限责任公司

图书在版编目（CIP）数据

逆向思维 / 卜翔宇编著. -- 沈阳 : 万卷出版有限责任公司, 2024.3
ISBN 978-7-5470-6425-2

Ⅰ. ①逆… Ⅱ. ①卜… Ⅲ. ①思维方法—通俗读物 Ⅳ. ①B804-49

中国国家版本馆CIP数据核字（2023）第240853号

出版发行：北方联合出版传媒（集团）股份有限公司
万卷出版有限责任公司
（地址：沈阳市和平区十一纬路29号　邮编：110003）
印 刷 者：三河市南阳印刷有限公司
幅面尺寸：160mm × 230mm
字　　数：173千字
印　　张：14
出版时间：2024年3月第1版
印刷时间：2024年3月第1次印刷
责任编辑：高　爽
封面设计：韩海静
版式设计：郭红玲
责任校对：张　莹
ISBN 978-7-5470-6425-2
定　　价：59.00元
联系电话：024-23284090
传　　真：024-23284448

CONTENTS

目录

第三章 CHAPTER 3 换位思维，就是“由彼观彼”

第四章 CHAPTER 4 与成功的最短距离，未必是直线

第一章 <<<

思维转个 180°，世界就换一个维度

人们习惯于正向思考，按照常规的、习惯性的、固有的思维去看待和分析问题，但是这很容易让人陷入思维的“坑”，甚至徘徊在僵化思维的“墙”面前。因此，我们需要逆转思维，让思维转个 180°，世界也就完全不一样了。

逆转思维，试试让你的认知“升级”

认知，是个体大脑中所有行为的内在逻辑，即个体对感觉信号接收、检测、转换、合成、编码、储存、提取、重建、概念形成、判断和问题解决的信息加工处理过程。其实，通俗点来讲，就是当你知道这件事并了解这件事之后进行判断、处理的过程。

普通人和成功者之间的差距，可能有智力上的差距，也可能运气上有所不同，但更多的是体现在认知、见识和思维上。

比如，有一则故事，有一个放羊的孩子，当人们问他放羊干什么时，他会说放羊卖钱。人们继续问他赚钱为了什么？他会说“娶媳妇”。当再问他娶媳妇是为了什么，他会说娶媳妇是为了生孩子。人们问他生孩子干什么，他则回答：让孩子放羊……无限循环，就是跳不出这个圈子。

难道人生就只有放羊、赚钱、娶媳妇、生孩子几种选择吗？当然不是。我们不能升级认知，就不会知道还有其他选择，只能任由自己在无知下做出选择。

一个人的见识和眼界决定了他人生道路的分支。全球著名投资人巴菲特在10岁时就开始阅读股票市场方面的书籍。他开始在父亲的经纪人业务办公室里做些与股票相关的工作，比如张贴有价证券的价格，填写有关股票及债券的文件等。随着年龄的增长，他对股票市场越来越了解，他的认知、选择远远丰富于其他人，这也是他能成为“股票大亨”

的原因。他超乎常人的认知显而易见地看到了投资界的商机，成为股票界不败的神话。

人只有了解更多的知识，开阔更高的眼界，才能拥有更多的选择，挣到自己认知以外的钱。同样，如果你突破不了认知的局限性，你就永远不知道自己可以有这么多的选择。

某一个地区，有两个报童在卖同一份报纸，二人是竞争对手。第一个报童每天沿街叫卖，非常勤奋，嗓门也很响亮，可是销售的数量并不多，而且有逐渐减少的趋势。

第二个报童则善于思考，除了每天沿街叫卖之外，他还会去一些固定场所，先给大家发报纸，过一会儿再来收钱。随着时间的推移，他的报纸卖得越来越多。渐渐地，第二个报童的报纸卖得更多，第一个报童能卖出去的越来越少，不得不另谋生路。

两个报童，要做的事情相同，结果却迥然不同，这是因为他们认知不同。第一个报童，只会按照既定的方式卖报。而第二个报童的做法却大有深意：第一，他十分清楚，在一个固定地区，对同一份报纸，读者客户是有限的。买了一个人的，就不会买另一个人的，等于他先占领了市场。于是他先把报纸发出去，这些拿到报纸的人肯定不会再去买别人的报纸。他发得越多，对手的市场就越小。这对竞争对手的利润和信心都构成打击。

人和人一旦产生认知差距，对一件事的判断、选择就会完全不同。可以说，认知是一个人所有行为的前提，我们的行为也会因认知水平而受到限制。一个人的认知水平决定了他的判断力、思维力。如果这个人在一个低水平的认知结构里，不管他多么努力，他也没有办法有所突破。因此，人应该想办法提升自己的认知水平，突破自己原本存在的框架，不让自己被限制和囚禁。

认知“升级”了，思维也就逆转了，自然不容易被眼前的利益所迷惑。那么，如何实现人类认知的“升级”呢？很简单，我们需要进化自己的大脑，从思想和行为上做出一些改变和提升。

1. 客观地认知自我，从“我知道我是对的”思维升级为“我不知道自己是对的”思维，保持空杯心态。

2. 跳出局限思维，有意识地扩散自己的思维。

3. 独立思考，而不是跟随别人，甚至人云亦云。

4. 确定目标，明确自身条件和目标有多大差距。

5. 找对方法，不盲目行动。

6. 用长远和发展的眼光看问题，不局限于眼前利益和片面收益。

7. 突破认知的框架，打破内在的思维逻辑。

8. 不断更新自己，改变思维方式，进行多角度思考。

做到以上八点，我们就能不断突破自己固有思维的壁垒，以新的角度和眼光去看待问题与判断事物，主动地让新的概念、事物进入大脑，进而形成不同的思维方式。

因此，想要让自己变得更好，那就不断地“升级”自己的认知吧！在这个基础上，我们的思维方式会持续更新，格局和眼界会不断提升，做事方式自然会有巨大变化，最终行为也被带着改变了。

你的不成功，就是因为“想当然”

大多数人容易犯“想当然”的错误，而“想当然”的一个重要原因就是思维的懒惰。我们认识事物总是有一定的思维框架，参照之前的经验来判断和思考。很多人认为“想当然”的人是不思考的，其实这一点是错误的，他一直在思考，只是思考的依据不是事实而已。

“想当然”的背后，是过于自信，对自己的能力、经验和结果都充满过分的自信，没有想到貌似理所当然的事情并不是“当然”的，更没有想到除了这个结果之外可能会产生另一个结果。

“想当然”的思维，让很多人失败、犯了错，你能说他没有思考吗？不，他思考了，只是在思考的过程中犯懒了，依照过去的经验，或是潜意识中认为“常理就是如此”，而主观臆断地认为事情就应该这样。

凭借过度的自信和思维的懒惰，把思考的过程简化再简化，于是就轻易地下了结论，或是陷入自以为是的困境。

小齐在一家销售公司做行政助理，他刚刚参加工作，在部门经理的带领下，他很快熟悉了工作业务，也有了不小进步。他觉得自己已经“出师”了，完全可以胜任这一份工作，度过试用期之后就可以大展拳脚。可是他被辞退了，因为在一次员工培训会上出了岔子。

公司邀请了一所知名院校的教授给员工进行培训，并安排小齐来布置会场。小齐为此还专门请了一位老师来帮忙安装和调试多媒体。

与小齐同时入职的，还有一个新人，也帮助他一起筹备会议。这位同事善意地提醒小齐："我们要不要再准备黑板？"谁知小齐听后，"扑哧"一下笑出了声，他笑着说："现在都什么年代了，谁还用黑板啊？我来公司也有两个月了，也参加了几次培训，我也没见哪个讲师用黑板啊？放心吧，凭我多年的工作经验，准备黑板这东西纯属'太阳底下点灯——多余'。"

第二天，教授来后，讲课前他环顾会场，然后问道："有没有黑板？"小齐当时就蒙了。接下来他连忙四处打电话，找人借黑板。可由于支架式黑板太大，没法用车拉，只好作罢了。最后，还是新人同事提醒，小齐在附近的一所学校里借了一块课堂用的小黑板，放在了两把椅子上，凑合着用了。这一切被领导看在眼里，第二天，小齐就被公司辞退了。

"想当然"，真的很可怕。当你有了"想当然"的思维，就会轻易掉入自以为是的陷阱，凭借主观去做决定。在这个过程中，你的自我感觉良好，完全相信自己，以至于使自己的行为出现很大偏差，凡事都"事与愿违"。同时，你的逻辑也会出现问题，形成思维定式，没有深度，不够灵活，慢慢地陷入定式思维的陷阱。

因此，我们必须克服"想当然"的思维和思想，不再自以为是，不再仅凭经验、事物表面去判断，事情就会朝着不同的方向发展。而且，我们要勤于思考，培养质疑和否定的意识，做决定前不妨问问自己：事情的发展是必然吗？会不会产生另一个结果？我的判断充分吗？依据是什么呢？

这很困难吗？当然不是！改掉之前的思维定式，从不同的角度看问题，即从他人、环境、事物本身出发，就不会轻易"想当然"了。

倒立看世界，一切皆有可能

世界是什么样的，取决于你看它的角度。很多人做过类似的测试：一幅画上画着一个年迈的妇人，脸上满是皱纹，但是如果把这幅画倒过来看，老妇人就会变成妙龄少女，青春而靓丽。

这缘于视觉错觉。但毫无疑问，倒过来看世界，也是一种逆向思维。它很简单，也很奇妙。只要你能掉转180度看事物或是想问题，你就可能发现一些很神奇的东西。这个世界上隐藏着很多看似不可能，但是只要换一个角度、换一种思路，你就会发现不可能变为可能，甚至还能发现更加广阔的世界。

英国人布鲁斯观看了一场车厢除尘器示范表演。当时这种除尘器很受欢迎，人们认为用风把灰尘吹走简直就是一个神奇的发现。可是，这种除尘器也有一个缺点：灰尘是被吹走了，观看者也被吹得灰头土脸，满身都是灰尘。

布鲁斯开始思考：如何能既吹走灰尘，又不会被吹得满身是灰尘呢？一开始他做的实验，结果都不理想。后来，他突然想到“为什么不反过来试试”呢？是啊！吹尘不行，那就用吸尘法。布鲁斯做了一个简单的实验：用嘴对着手帕吸气，尘土真的吸附在手帕上，也不会四处飞扬。最后，他根据这个原理发明了吸尘器。

再讲一个例子：一群游客在草原上游玩，不巧的是，草原上着了大火，大火借着风势迅速向游客扑来，所到之处，草木瞬间化为灰烬。游客们惊慌失措，快速地逃跑，可是人奔跑的速度，怎么可能抵得过火燃烧的速度呢？只见大火越来越近，情况非常危险。

这时，一位经验丰富的旅行者对大家说："大家不要慌，快按照我说的做！"这位旅行者快速地转过身去，指导大家一起把面前的草拔掉。很快，大家清理出一块空地，然后集中到一边，他则站在靠近大火的另一边。

当大火快靠近时，他点燃脚下的草，顿时大火燃起，并且向周围蔓延而去。令人惊讶的是，当两边的火烧到一起时，火势突然减弱，最后慢慢地熄灭了。

这位旅行者说："草原着火时，风虽然吹向我们这边，但是靠近火的地方，气流是会吹向火焰的。为了让火借着气流迎头而上，我点燃了附近的草木，让对面的火没有东西可烧，不再向我们靠近！"

倒过来，是很聪明的想法。可是许多人却做不到，为什么呢？就是因为他们习惯于正向思考，慢慢地形成单向思维，被自己的认知和思维方式限制了。在这种思维下，人们做事往往只知道朝着一个方向，思考问题时也只知道用一个角度，甚至在一个方向上一直走，最后钻进了牛角尖。

任何事物都不只有正面，也存在反面。我们逆转一下正常的思路，反向来看它，它就会呈现出完全不一样的状态。所以，我们要基于事物的性质，从多方面、各角度去看和理解，一定会有不一样的发现。

思维不但决定着个人的行为，也影响着个人的生活、事业与命运。

为此，我们应该培养逆向思维，用倒立思维去看这个世界，思考问题。一旦养成这种习惯，你会发现问题似乎变得更简单了，那些看似不可能的也变成了可能。

习惯性思维，是好东西，也是坏东西

每个人都有自己的习惯。比如，有的人习惯泡咖啡时多加一颗糖，有的人习惯把文件放在某个固定的位置，有的人则习惯睡觉前喝一杯牛奶……

人是习惯的产物，不管是生活还是工作中都有这样那样的习惯，而习惯有可能是好的，也有可能是不好的。当然，习惯是思维的产物，是一种长时间形成的思维方式，它具有非常强的惯性。时间长了，人们往往会自觉不自觉地启动自己的习惯，于是在反复的行为中形成一种固定的、不变的思维线路、模式、程序。就好像电脑设定好的程序一样，不管看什么事物、思考什么问题都已经在大脑中设好既定的角度、想象和方式。

很多时候，当你按照既定的思维去做事，就可以解决60%甚至更多的问题，避免行动的盲目性，也能避免做许多无用功。但是，当你的思维陷入惯性的框架，习惯于用单一的、固定的角度观察事物，习惯于用既定的方式去思考，结果只有一个——思维僵化，不会创新，不懂变通。然后，做事时自然不自然地只依着固定的套路。

有这样一个故事：刘易斯·卡罗尔是《爱丽丝漫游奇境》的作者，他非常喜欢小孩，尤其是一个叫爱丽丝的小女孩，因为她漂亮、聪明、乖巧、伶俐。一天，刘易斯带着爱丽丝和她的两个姐妹在泰晤士河里划船。为了和女孩们交流，他开始发挥出色的想象力，编造了一个童话故事。这个故事吸引了女孩们，也让她们度过了一个快乐的下午。

后来，他把这个故事写成文字。一位儿童文学作家读了之后认为这个故事要是出版了，肯定能受到孩子们的欢迎，于是就极力促成它的出版发行。果然，《爱丽丝漫游奇境》一经出版，立即得到无数孩子的喜欢，在英国引起很大轰动。

维多利亚女王也被这本书深深吸引，惊讶于这个美妙的故事和作者丰富的想象力，于是急不可耐地让侍从与刘易斯联系，说自己希望能看到他的全部作品。很快，刘易斯亲自给维多利亚女王送去自己的著作。然而，这一次却让维多利亚女王尴尬不已，因为它们全部是关于几何学的学术著作。

没错，刘易斯是一位数学家，其绝大部分著作是关于深奥的几何和微积分的。之所以造成这样的尴尬，是因为维多利亚女王掉进了习惯性思维的陷阱，认为能写出如此童话杰作的作家一定是儿童文学家，他的其他著作也一定是童话故事。

思维定式是固有的，常常让人在不知不觉中循着原来的轨迹去了。假如你不停下来、突破出来，及时地进行思考、调整，就会落入陷阱而不自知。

再看看这个故事吧！

某支队伍要上前线了。出发前，军事长官进行战前动员，只见他站在所有士兵面前，慷慨激昂地演讲着，最后冲着士兵们问道：“有没有决心？”士兵们高声回答：“有！”

长官继续提问：“有没有信心？”

士兵们回答：“有！”

“有没有不怕死的？”

“有！”

“有没有孬种？”

“有！”

回答完之后，长官和士兵们都愣住了，好半天才反应过来。

或许看了这个故事，你会不自觉地发笑。但是我们必须明确地认识到：人最大的敌人之一就是自己的习惯性思维。如果它不能成为一个人最好的“仆人”，就会成为最坏的“主人”。换句话说，如果我们不能及时调整、善于利用惯性思维，就会完全被它影响、控制甚至俘虏。

所以，我们需要逆转思维，从逆向角度去思考，引入发散性思维。这其实并不难。只要做到敢改变、敢突破，不按照之前的套路和模式去思考、做事，就不会陷入思维惯性之中。

成功的门，不是只有一种打开方式

每个人都渴望成功，绝大部分人为此付出不少努力，但是成功者少之又少。原因很简单，大多数人习惯了单向思考，这是没有办法打开成功的大门的，于是人们选择放弃。事实上，这扇门可以拉开，也可以推开，还可以旋转着开。习惯按照常规方式去思考，只是按照拉门的思路往下想，即便费再大的力气也是徒劳。

换句话说，成功这道门，有多种打开方式，并且人们不在乎你用什么方式打开。如果拉不开，你就应该调整自己的思维方向，尝试着推一推或是旋转一下，说不定那扇门就很轻松地打开了呢。

来看看大卫·科波菲尔的经历吧！

大卫·科波菲尔出生于美国的一个贫穷家庭，他从小性格内向、胆小，也有些笨拙，所以小朋友们都不愿意和他玩。他的学习能力不强，课堂上经常回答不出问题，每次考试也是倒数几名，所以同学们都嘲笑他是“笨蛋”“白痴”。就连邻居看到他，也会摇着头说：“这个孩子将来注定一事无成。”

大卫并不是不努力，他知道自己不聪明，但是不想永远失败，可是即便再努力，成绩也没有多少进步。后来，他不再努力，也不想继续上学，认定自己是个彻头彻尾的失败者。再后来，学校老师也认为他不适合读书，找到大卫的父亲，劝他给大卫办理退学。

可是，大卫的父亲并没有放弃他。在一次偶然的机会中，他发现了儿子的天赋。一天，大卫在路边玩，看到一个老人因为一张纸币被老鼠咬坏而痛哭流涕，他想安慰老人但不知道如何安慰。于是，他悄悄回家拿出自己攒下的零花钱，说可以用魔法把老人的钱变得完好如初。接下来，他把老人的钱拿在手里搓着，趁老人不注意换成自己的钱，高兴地交给老人。老人激动不已，直夸他是个聪明善良的好孩子。

父亲知道这件事后，决定带他到波士顿见见世面。于是，父子两人便坐上了前往波士顿的汽车。可是，途中出现了一个小插曲：父亲下车买东西，忘记了发车时间，没能赶上汽车。大卫一个人坐在车上，很担心父亲，也很害怕，然而当他到达波士顿时，却发现父亲已经在车站等他了。

他快速地跑向父亲，说："父亲，我很担心你，一路上心里非常忐忑。不过，您是怎么到的，为什么比汽车还快呢？"

父亲笑着说："我是骑马来的。"接着，父亲又语重心长地说，"只要我们能到达目的地，管它用什么方式呢！孩子，虽然你不擅长学习，但是不代表你在其他方面不会成功。换一种方式吧，也许就可以成功了呢！"

这句话给了大卫很大的启发。后来，他开始对魔术感兴趣，并且跟着一些魔术师学习。是的，他真的在这方面很有天赋，学东西的速度非常快，别人学习很久才能掌握的技巧，他很短时间就能学会。他成功了，成为世界有名的魔术师。

有人问他为何获得成功时，大卫·科波菲尔说："父亲告诉我，成功对我们来说就好像是一个固定的车站，我们都想着上车，绞尽脑汁地坐上那个座位。有的人没能抢到一个座位，于是便只能等下一班车，可是为什么不选择骑马或是乘船呢？一样可以到达，只是换了一种方式而已。”

很多时候，人们专注于一种方式，而忽略了其他可能和选择。因为选择的那个方式不能发挥自己的特长，不能打开成功的大门，于是挫败感和心理压力会让我们更加茫然，找不到方向，进入选择误区。

其实，成功的门，可以用任何方式打开。就好像条条大路都能通向“罗马”一样，每种方式都应该成为我们的选择。发现这种方式不行，不要犹豫，立即换一种思路、换一种方式。当然，这需要我们尽量不限制自己的思维，并让大脑活跃起来，多角度思考问题。这样一来，思路才会越来越宽，才能看到更多的选择。

想不通的事情，倒过来想就通了

很多事情比较棘手，怎么处理似乎都不对，不是找不到解决的关键点，就是思路行不通。于是，人们开始迷茫，认为它是最难攻克的，甚至是无解的。然而，这只是因为处于正常逻辑之下，如果倒过来试试，或许就能很容易把它解开了。

解题讲究方法，正向思考想不通，找不到思路，倒过来想可能就通了，思路就会清晰明了了。生活中也是这样，很多想不通的事情，如果能倒过来想一想、试一试，也容易想通，轻松解决。

倒过来想，是一种很有趣的思维方式，它改变了我们正向思考的习惯，反其道而行之，也拓展了我们思维的维度，为解决问题提供了截然相反的视角，进而不被“已知条件”迷惑，越走越清晰，最后找到最合适、最恰当的那条路。

20世纪60年代中期，全世界都在研究一个元素——锗，想办法把它提炼得更纯，以便制造出更灵敏的电子管。所有人都做出了最大的努力，也取得了一个又一个进展，锗的纯度从99%提高到99.99%，再到99.9999%，最后已经达到99.9999999%。

这个纯度已经非常高了，想要再提高比登天还要难！可是，很多研究机构、科学家并不甘心，他们坚信还可以提炼出更纯的锗。然而不管他们使用什么方法，做出多少努力，结果都是失败。

令所有人没有想到的是，一个普通的小助理的一句话，却让事情有了大转机。这个小助理是一个刚出校门的助理研究员，在研究所工作时比较粗心大意，老是出错，避免不了被上司批评。当提纯任务再一次失败时，她低声抱怨说："看来，我很难胜任这个工作，如果让我往里面掺加杂质，或许可以干得更好。"

说者无心，听者却有意。这句话启发了上司的思路，他不禁想：正向思考行不通，如果倒过来结果会如何呢？于是，上司不再让助理提纯，而是一点一点地向纯锗中添加杂质。助理照做了，当她把杂质增加到1000倍的时候，锗的纯度竟然降到原来的50%，测定仪器上出现一个大弧度的曲线。

这是一个非常重大的突破。之后，研究所经过无数次试验，终于发现一种最理想的晶体。接下来，他们又利用这种电子晶体技术，把电子计算机的体积缩小到原来的25%，运行速度提高了数十倍。

事实上，很多事情无法用正向思考的方式来解决，如果一味地朝着原有的方向努力，只会让自己陷入死胡同。这告诉我们，身处思维困顿，想不通某个问题，或是解决不了某件事情时，不妨多运用逆向思维。

正着想，行不通，那就倒过来想；从上到下，行不通，那就从下到上试试；从外到里，找不到出路，那就从里到外突破……一个看似比登天还难的问题，或许立即就会豁然开朗，迎刃而解。这就是倒过来想的魅力！

所以，遇到问题，想不通没有关系，进行不下去也不要着急和焦虑，倒过来想一想，打破思维限制，就可能获得意想不到的结果。当所有人都以正向思维想问题时，你却独独反着想，自然可以避免单一正向思维的简单化和机械性，比其他人少走很多弯路。

倒着想，不是万能的钥匙，不一定能帮助我们解决所有问题。不过，习惯从反向角度看问题，养成逆向思考的习惯，你会迎来不一样的惊喜！

突破固有的思维，才能创新

这个世界上有两种思维：一种是固定式思维，思考的角度只有一个，解决问题的办法也只有一个，永远都是一成不变的；另一种是突破性思维，它的最大特点就是改变、突破，不断地让自己去突破、去创新。生活中，这两种思维直接决定我们的生活方式，也决定我们成功还是失败。

固然，每个人都有固有思维，因为自己的认知局限，也因为所处的环境，还可能是因为父母给予的否定教育，等等。但是不管怎样，因为思维的局限，这类人的性格固执，很难变通。他们容易做事“一根筋”，想问题也容易钻“牛角尖”，总是用自己固有的思维去解决问题。就算环境变了，面对的问题不再是之前的那个，他们依旧会使用固化了的方式去思考。最可怕的是，自己却全然不知。

所以，如果一个人失败了，那么困住他的，往往不是能力、天赋，而是思维。不能改变固有的思维，就只能被限定在一个世界里，所思所行是唯书、唯经验和已经定型了的认知，不能提升自己，更做不到创新和突破。但是如果我们改变固有的思维，就能够进入一个新的世界，不断提升自己的认知，增长自己的见识，更重要的是开通新的思路，多维度地看问题、解决问题。

某城市有一座非常著名的观光大厦，每天吸引了众多游客前来参观。络绎不绝的游客给大厦带来了生机，但也带来一个问题：电梯载客压力加大，游客常常被堵在门口。为了解决这个问题，大厦管理者决定新增一部电梯，还找了当地很有名的建筑师和电梯工程师。

在大厦中新增一部电梯，并不是一件容易的事情，需要考虑在各层凿洞的问题，还需要考虑空间利用率的问题。研究再三，建筑师和工程师终于找到合适的位置，并设计好了图纸，准备动工。

就在此时，一个清洁工的话却让建筑师和工程师推翻了之前的设计。听说要把各层地板凿开，清洁工说：“那是不是大厦就要停工了？”

建筑师回答说：“是的。不过，这是迫不得已的事情，如果不加装一部电梯，大厦的运行也好不到哪里。”

清洁工说：“这太大费周章了！”

建筑师回答：“这也是没有办法的事情。”

清洁工叹了口气，说：“要是我，就把新电梯装在大楼外面，这样就不会影响正常营业了！”

是啊，为什么不把电梯安装在大厦外面呢？这样就不用考虑凿洞和空间利用率的问题了！很快，建筑师和电梯工程师从新的角度出发，设计了新的方案。就这样，世界上第一部安装在大楼外的电梯诞生了。

为什么之前建筑师和电梯工程师没有想到这个创意呢？是因为他们的专业性不够，还是不够聪明？显然都不是，是因为他们被固有思维限制了，认为电梯本就应该安装在室内，不管安装几部，不论如何设计。

一个人之所以被困住，绝大多数时候不是因为其他条件限制，而是因为自己的固有思维，认为所有的东西都是不可更改的，进而陷入自我封闭的境地，只能用常规眼光看事情，更习以为常地按照固有思维去思考。

这看似没有什么问题，实际上却有大问题。不突破固有的思维，人就容易陷入死胡同，更谈不上突破和创新。因此，不管什么时候，我们都应该有意识地突破自己的固有思维，首先是敢于质疑自己，然后改掉单一的思考习惯，让自己学会多角度思考，从封闭走向开放，从单一走向多元，从正向到逆向……

突破固有的思维，提高了思维能力，我们自然可以拥有更多的收获！

任何成功，都源于敢想

这个世界上的任何成功，从来都不容易，只是那些人敢想敢做罢了。看到别人成功，你羡慕、嫉妒，但是即便再羡慕和嫉妒，也无法改变自己的处境。因为看别人吃饭，自己永远不会饱，看别人跑步，自己永远不会变瘦。同样的道理，看别人做事，自己永远不会成功。只有付出了，你才能换来收获。只有你敢想敢做，而不是观望，才能抓住大好机会，然后走向成功。

很多时候，人们往往用"癞蛤蟆想吃天鹅肉"来形容一个人的异想天开，但异想天开并不是坏事。因为只有异想天开，才更容易打破认知的边界，敢想别人不敢想的，敢为别人不敢为的。很多事实也证明，异想是一种勇气，更是一种气魄，一个人只有敢于"异想"，才有可能"天开"。比如，很多人想看看月亮的"庐山真面目"，在之前被认为是痴人说梦，可就是因为这样的异想，人们才发明了航天器，真的登上了月球。

在理性的框架下，我们的思维会受到限制。异想，就是要突破现有的思维。敢想，你就会发现一件事可以有更多奇妙的变化；去想了，你也会发现一切都有可能实现。

如果你不知道拉斯维加斯的存在，有人告诉你在一片荒漠里有一座极其繁华的城市，它就像人间天堂一般，你会相信吗？有人告诉你这里非常美丽，每年有无数的人去参观、游玩，你会相信吗？

或许你会存疑，根本不相信。的确，这是一个奇迹。之所以存在这个奇迹，是因为人们敢想，甚至说是敢异想天开。这里的环境原本非常糟糕，处于西部大沙漠之中，是一块不毛之地，气候非常干燥，几乎全年高温，很少有降雨。

这里根本不适合建造房屋，更不适合人居住，有人甚至扬言："不会有人涉足这片沙漠。"但是美国人却想要改变这里，想方设法在这里修建了人工湖，又建造了水电站，然后耗费大量真金白银建造了一座城市。因为敢想、敢做，他们成功了。如今的拉斯维加斯满城繁华，成为世界上最负盛名的度假胜地之一，拥有"世界娱乐之都"和"结婚之都"的美称。

拉斯维加斯犹如天堂一般的存在，可以说是人们敢于"异想天开"的产物。因为敢想，所以他们敢于打破传统的束缚——在环境恶劣的沙漠中建城，敢于创新——用赌场、娱乐、奢华的餐厅、酒店，以及"结婚圣地"来吸引游人。

任何成功，都源于敢想。能想多远，创造奇迹的概率就有多大；敢想多远，成功就有多大。仔细地观察，你会发现那些成功者几乎都是敢于异想的人，因为敢想敢做，他们轻松打开梦想的大门，把大脑中的智慧完全激发和释放出来，成功自然就来了。相反，那些平庸者或是失败者，不敢去想，也懒得去想，于是受思维所限，被格局所困，最后就算努力了、拼搏了，也只是在成功的大门前徘徊，甚至根本找不到成功之门。

这些失败者本来有能力，也有一个美好的梦想，但是习惯了按照既定的方式去做事，就算有了新的想法，也习惯地告诉自己："我的想法太不切实际了，这是不可能实现的。""这个想法很冒险，很可能让我变得一无所有。”就这样，那些好的想法、大胆的设想都被扼杀在摇篮中，慢慢地无法走出为自己画的圈子。更重要的是，久而久之，思维更加僵化、单一，成功也变成不可能的事情。

所以，觉醒吧！摆脱那些约束你的思维，打破内心的边界，学会让大脑转个180度，大胆地异想天开吧。只要敢想，你就成功了一半。

跳出一般人思维，实现更高层次的转化

普通人习惯用顺思维，聪明人则擅长用逆思维。逆思维是一种变不利为有利、化被动为主动的思维方式。当我们遇到难题或是陷入死角，逆转思维就可能有新思路，进而达成自己的预期目的。

比如，我们遇到一个能言善辩、口才非常好的人，时常被他辩驳得哑口无言。这时候，找一个口才更好的人，似乎不是解决问题的最好方法，一方面他不能保证一定辩得赢，另一方面可能得罪对方，使得双方发生冲突。一般思维行不通，那就采取逆思维，保持沉默，或是找一个口才不好的人，结果可能会更好一些。

北宋时期，南唐后主李煜派能言善辩的徐铉来开封进贡。虽然是来进贡的，但是徐铉口才非常好，每次都让宋臣讨不到便宜，没有人能辩得过他。一次，赵匡胤想找出一个口才好的大臣接待徐铉，但是朝中大臣都不敢应下这个差事。

赵匡胤很气恼，也很着急，但是思虑之后想出一个好主意。他让人找出10名不识字的侍卫，之后随机指定一个人说："就是你了！"所有大臣都迷惑不解，但是也不敢提出异议。很快，这个侍卫去见了徐铉。徐铉立即发起攻势，滔滔不绝地说了一大堆。侍卫根本听不懂，也不知道如何反驳，只好保持沉默，然后不住地点头。

徐铉不知情，见侍卫只是点头，一句话也不说，以为他有很大的本事，思索着什么谋略，说得更激动了。但不管徐铉说什么，侍卫都只是应和着，不辩论，也不搭话，一连好几天都是如此。这种情况下，徐铉就是口才再好，恐怕也无用武之地。最后，徐铉不再说话，没有了之前的威风。

赵匡胤用一个不识字、不会辩论的人去应对徐铉，真的非常妙！因为这让徐铉能言善辩的长处没有办法施展，如此一来，自己的目的也就实现了。所以，逆向思维可以让我们掌握主动，避免受制于人。当然，这只是一般人的逆向思维。如何能跳出思维的限制，实现更高层次的转化，结果可能有惊人的变化。

科学家卡尼曼和特韦斯基提出这样一个问题，如果你面临两个选择：A. 直接得到100万元；B. 你有50%的机会得到1亿元，50%的机会一无所有，你会选择哪一个？很多人会选择A，因为这个选择没有风险，虽然钱少，但是可以直接得到，何乐而不为？

人在获利时是不愿冒险的。这是一般人的思维，也是保守思维。但是，如果面对损失呢？结果恰好相反，人们反而更愿意冒险，大胆地赌一把。为此，卡尼曼和特韦斯基又提出一个问题，如果你面临两个选择：A. 一定会赔3万元；B. 有80%的概率赔4万元，20%的概率几乎一分不赔，你会选择哪一个？结果，大部分人选择B。这也就解释了生意场上有人赔了本却依旧冒险去投资，股市里有人宁愿被套牢也不愿意割肉。

事实上，在第一个问题中，选择B的人才是聪明人，具有逆向思维。而且，一些人跳出一般思维，利用超前的思想、非凡的视角做出更令人吃惊的行为。选择B之后，这些人没有停止行动，而是积极动脑，发散思维，让自己的利益最大化。比如，他可以卖掉这个选择权，卖给比自己更有钱、更具冒险精神的人，这样一来，他就可以获得比100万元更大的收获。又如，选择权的价格为100万元，但是如果对方拿到1亿元，则需要分给自己5000万元，即对方用100万元买下获得5000万元的机会。

这样的思维是不是很妙？！

只会顺思维，就会被思维限制，看到眼前利益，而不敢冒险。逆思维则会让我们跳出一般思维，看到更远的地方，拥有超人的视角和眼光。如前面所说，我们需要让认知“升级”，不自我设限，不只看眼前、表面，同时也让思维方式升级，培养自己的突破思维、超越思维。

如何让思维升级，实现更高层次的转化呢？我们需要做到以下几点。

1. 多看到一些“可能”，超越眼前，突破思维限制。

2. 不局限于学习知识、掌握技能，而是不断地思考，从思维方式上发力。

3. 适应变化，主动让自己去改变。

4. 推翻自己固有的逻辑，积极反思和发散思考。

第二章 <<<

逆着看逆境，破局时刻就出现了

逆境不是什么好事，也不是什么坏事，关键在于我们如何去看待它。身处逆境的时候，我们跳出原有的思维，倒过来去看，就可以看到其中的希望与生机，进而让局面彻底大逆转。身上有缺点，也不要妄自菲薄，反着去看待它，也可以将它变成有价值的事物。

把失败当结局，人生就只有一个结局

很多人有理想，也有能力，一心想要做出成绩，成为与那些成绩卓越的人比肩的成功者。可是由于思路上的问题、运气上的偏差，他们失败了，不仅没有获得成绩，反而陷入困境。

于是，他们因为失败而痛苦，认为失败就是自己的结局，不敢再去尝试，也没有再次起航。可是这些人忘记了，成功之前没有人不经历失败，有的是一两次，有的可能是十几次，甚至是上百次。失败只代表过去，并不代表未来，更不代表结局。把失败当结局，也就意味着他被失败打败了，人生注定只有一个结局——失败，并且注定永远与成功无缘。

转换一下思维，用逆向思维看待失败，把它看成好事，用它来磨炼自己，为自己之后的努力做铺垫，失败就可以转化为成功。同时，失败的时候，不要选择自我否定，而要更好地认识自身的缺陷，并从这个缺陷出发，不断地提高自己、完善自己，接下来便可以战胜自己，然后慢慢地赢得成功的机会。

有这样一名大学生，他是一名跳远运动员，目标是成为全国冠军。但冠军并不是那么容易到手的，一是对手实力非常强，已经在冠军的领奖台上蝉联多次；二是他的水平一般。为了实现这个目标，他不断地训练，努力提升自己，终于和强大的对手出现在同一个赛场上。

结果可想而知，他失败了。不过，没有关系，这是他预料到的，因为对手处于巅峰状态，是他这个新手难以企及的。之后，他继续训练，不断提升，再一次挑战对手，并且决心要战胜他，成为全国冠军。这次，他还是没有成功，和对方差了1厘米。

1厘米，看似微不足道，然而在强强对决的赛场上，却是一道很难跨越的“鸿沟”。他深受打击，感觉自己已经筋疲力尽，不禁自我怀疑起来：“难道我注定无法成为全国冠军，注定无法战胜对手吗？”其他人也这样认为，觉得他有些自不量力。

这是他的结局吗？当然不是。他没有认输，而是用逆向思维安慰自己，把失败当作激励，把差距看作鞭策。他更加刻苦地训练，不断完善自己的动作。他很自信，相信失败不是永远，自己一定能成功。

这一次，他又与对手展开较量。此时，跳远的世界纪录是8.90米，对手在比赛中超常发挥，再次打破世界纪录。当赛场响起雷鸣般的掌声时，他的压力更大了。可是，他早已把压力变成动力。是的，他成功了，一举跳出8.95米的好成绩，不仅打破了新的世界纪录，也击破了对手不败的神话。

这名大学生是帕伍艾鲁，强大的对手则是刘易斯。

面对强大的对手，面对屡次失败，我们应该战胜什么？是的，首先要战胜自己，提高自己的逆商，学会用逆向思维看待失败，不把失败当结局，只是将其当作一次尝试、一次经历，那么坏事就能变成好事，也可以在一次次的失败后迎来最后的成功。

成功者和失败者之间存在很多不同：成功者看到的是未来，失败者看到的则是过去；成功者不把失败当作结局，面对曾经失败的自己、身处的困境，也会从不同的角度思考，努力战胜和完善自己；失败者则认为失败就是结局，无法改变，从来没有发现失败也可以让自己成长。正因如此，成功者的结局是成功，他可以让失败走向成功，而失败者一直停留在失败的深渊中，一直与成功无缘。

所以，如果你不想成为失败者，就要学会逆向看失败，不要把失败当成结局。

跌倒后，不急于站起来

跌倒了，要重新站起来，这是很多人的选择，他们坚信失败是成功的前奏，有重新站起来的勇气，且继续走下去，才能获得成功。然而，很多人却心存疑惑：我站起来了，也继续向前走了，为什么又一次次摔倒了呢？而且，每次都摔得比之前更严重。

原因是你太急于站起来了。摔倒后，你的第一反应就是马上站起来，不判断自我伤情，不查看是被什么东西绊倒了，结果没有走几步又摔倒了，导致二次损伤。所以，跌倒或许是不可避免的，但是在那之后不要急于站起来，而是选择趴一会儿，找到跌倒的原因，尽一切努力不让自己再次跌倒；跌倒的次数多了，积累的经验也多了，之后成功的概率才能增加。

一个徒步旅行者穿越一片看似很平坦的草地，没有走几步，他就被什么东西绊了一下，结结实实地摔了一个跟头。他没有在意，直接爬起来，继续前行。但是没有走出十几米，他又摔了一跤，膝盖和手肘都受了伤。

这一次，他没有急着站起来，而是一边揉着膝盖和手肘，一边打量这一片草地。这才发现，绊倒他的是一个草环，是由一种疯长的、非常柔韧的丛生植物的枝蔓编织而成的。这个草地上到处是这种草环，因为被掩盖在绿草繁花之下，很难被发现，行人稍不注意，就会被绊倒。待他站起来，他不再大步流星，而是小心谨慎起来，看清脚下，迈稳步子。之后，他便再也没有跌倒，快速到达前方的河流。

也许跌倒后马上站起来是人们的正常反应，但事实上，先查看伤情，再观察周围环境，找到跌倒的原因才更为明智。同样的道理，这个世界中，成与败是相依的，失败了，重新再开始，才有机会成功。但前提是我们要肯反思，学会摆脱固定的思维，善于在失败中寻找教训和经验，然后避免再犯同样的错误，如此才可以避免再次遭遇失败，甚至是因同一错误而失败。

简单来说，心中没有前车之鉴，不能吸取教训，急着站起来，再次失败也就成了必然。再来看这个故事。

一片密林中隐藏着一座神秘的“仙人居”，里面住着一位仙人，可以为人指点迷津。一个渴望成功的年轻人长途跋涉而来，想要找到仙人，并且拜他为师。进入密林后，年轻人来到一个三岔路口，正当迷茫之际，他看到不远处的大树旁有一个老和尚正在小憩。年轻人走上前，轻声唤醒对方，询问对方是否知晓通往“仙人居”的路。

老和尚随手一指，说“左边那一条”，然后又继续睡觉了。年轻人谢过老和尚，顺着指引走了下去，可是没有走多久，他就发现这条路并不通。无奈之下，他只好返回三岔路口，继续向老和尚问路。这一次，老和尚抬眼看了看他，伸了个懒腰，又说“左边那一条”。

年轻人非常疑惑，心想：这条路根本不通，为什么他还坚持说是“左边那一条”呢？但转念一想：或许是我的理解错了，他可能是按照下山的方向来说的，而我是按照上山的方向来走的。于是，他选择了另一条路，结果这条路也不通，他只好又返回三岔路口。

看到老和尚，年轻人气不打一处来，随即用力推醒他，质问道：“我恭恭敬敬地向你问路，并没有冒犯之处，你为什么要骗我？你给我指的路都不通，这是为什么呢？”

老和尚并不生气，微笑地说：“既然其他两条路都不通，你说哪一条是正确的呢？”

年轻人恍然大悟，直接顺着中间那条路走下去，顺利到达了“仙人居”。等他拜见仙人之后，他才发现仙人就是自己遇到的那位老和尚。

看到上面的故事，你是否思考过：我们是否在失败中学会成长？年轻人走错了路，这没有什么，知道走错的原因，及时排除错误选项，不就能找到正确的路了吗？

我们会跌倒，会失败，会把事情搞砸，会陷入困境，会对未来迷茫……然而，我们不只是会跌倒和失败，还要正视自己的问题，思考自己为什么会犯错、失败，努力让自己变得更成熟、优秀。每遭遇一次失败，我们都能从多个角度看自己、看失败，这样才能从失败走向成功。

被困的时候，换个心态，换个角度

按照常规思维应对困境，你会感到茫然失措、悲观失落，于是烦躁的心情蔓延开来，随之而来的是失去努力的动力、向上的恒心，最终在无望和不开心中徘徊。可是，很多困难和困境是可以解决的，不管是意外的横祸还是人为的事端，只要让自己换个心态、换个角度，就能轻松地走出困境。

人长期生活在一种环境中会形成比较稳定的生活习惯和思考习惯，然后会习惯性地按照已经固定的思维模式去看问题，不懂换个心态、换个角度、换个思路，这是很难改变的。但是就因为它难改变，所以我们才必须要改变，不让自己永远受限于此。

所以说，当我们深陷困境时，首先要正确面对它，然后不再抱怨“事情糟糕透了”“我为什么这样倒霉”。此时，我们需要让自己跳出来，换个心情，用积极的心态来观察、思考。心态变了，思考的角度变了，问题自然会迎刃而解，让困境发生逆转。

一个喜剧演员面临着失业、家庭破裂的危机，这一切都是从妻子的离开开始的。他的妻子爱上了别人，向他提出离婚，然后拿着行李和情人离开了，并丢下一个不满5岁的孩子。

他来不及沉浸在悲伤中，因为他必须要照顾孩子。可是他根本不会照顾孩子，不知道如何做饭，不知道怎样让孩子不哭泣，更不善于做家务……一时间家里一团糟，他也是手忙脚乱，只好向母亲求助，请她帮忙照顾孩子。

母亲来了之后，情况有所好转，他开始专心工作。然而，上天似乎和他作对似的，母亲病倒了，不仅无法再照顾孩子，还需要请看护照料她。于是，他每天奔波于家、医院和剧场之间，累得疲惫不堪。

更让他受打击的是，自己的工作也出现了问题。因为受感情和家庭琐事的影响，他常常在舞台表演时出错，该笑的时候笑不出来，不该哭的时候却情不自禁地哭出来，还出现了忘词、走错位的情况。虽然剧场经理体谅他，但是也给他下了最后通牒：如果你再犯错，我们只能停止与你合作……

这个曾经给人带来无数欢乐的喜剧演员，如今自己再也笑不出来了。这一天，他穿好衣服，准备去上班，看着镜子里的自己，不禁自嘲道："你就是一个倒霉蛋！现在没有谁比你的处境更糟糕了！"他来到剧场，告诉自己这是最后一场演出，要笑着面对同事和观众，至少这样还给别人留下一个好印象。

可是让他没有想到的是，这一次他的演出没有出错，而且还很精彩，赢得观众热烈的掌声。他对自己说："笑也可以解决问题吗？"第二天，他继续保持笑脸，一整天都在微笑，心情果然好了许多。演出结束后，几个演员看他心情好，便邀请他出去喝一杯，他痛快地答应了。他们一起喝酒聊天，而他感觉自己许久没有如此痛快了。

慢慢地，他不再抱怨，不再哭丧着脸，也不再想烦心的事。他为母亲和孩子请了保姆，也开始笑着面对他们；他开始学着打扫房间，为孩子换衣服、洗澡；他认真工作，用积极的心态来演出……最后，他迎来皆大欢喜的结局：母亲的病痊愈了，家庭恢复温馨，工作也保住了。

所以说，人要么是战胜痛苦的强者，要么是向痛苦屈服的弱者。成为强者还是弱者，取决于自己的选择。改变这一切并不难，只要你开始时做对了，迎来好的结局就变得顺理成章。遇到困难挫折时，不要消极地抱怨；身陷困境时，不要把它当作无尽的黑暗。不妨换个心态、换个角度去面对，然后尽最大的努力去改变。

顺境也好，逆境也罢，我们都要学会改变思维习惯，换个心态、换个角度、换个思路，便可以迎来美好。

你往好处想，生活没那么糟

谁都希望过上好的生活，没有贫穷和疾病，没有坎坷和泥泞。然而，世事总是无常，我们的生活总是一塌糊涂，虽然你大学毕业，有能力，有学历，但是就业压力实在太大，只能找个工资低、事多且杂的工作。你一个人在大城市里打拼，好不容易找到房子，房租不高，离工作单位也不远，并花心思把房间打扮一番，使其焕然一新，可是没过两个月，房东变卦了，要把你赶出去。

你感觉生活很难，认为日子很苦，但千万不要悲观，否则你必将崩溃，生活也将变得越来越糟糕。你完全可以往好处想，用心地发现生活中的美好，这样一来，那些苦与累、不公和不幸就变得微不足道了。

就好像沙漠中旅行的两个人，每个人只剩下半瓶水。第一个人只知道往坏处想，颓废地坐在地上，说：“完蛋了，就剩下半瓶水了，我肯定走不出沙漠了！”结果，他真的渴死在沙漠里。第二个人却懂得往好处想，微笑着告诉自己：“太幸运了！还有半瓶水，我一定能走出沙漠！”结果，他很快找到绿洲，获得了新生。

无独有偶。有这样两个孩子，他们的父亲都是嗜酒如命，不务正业，还整天打骂他们。两个孩子的生活同样糟糕，但是结局却完全不同：一个成为律师，一个沦为罪犯。当人们问他们为什么会有今天的结局时，他们给出了一个相同的答案：“我们有一个很糟糕的父亲！”

是的，他们都有一个很糟糕的父亲，但是一个孩子的心态是积极的，想的是让自己成为强者，改变自己的命运；一个孩子的心态则是消极的，想的是破罐子破摔。

事实上，生活变好和变坏的概率是相同的，你越是往坏了想，埋怨上天对你不公平，吐槽自己工资低，吐槽房东不地道，在租约还没有到期的情况下就把你赶出去，生活就越会一地鸡毛，还可能遇到其他糟心、不幸的事情。可是，如果你往好处想，告诉自己虽然工资低，但好在这份工作有前途，只要肯努力提升，升职加薪就指日可待；虽然房东把自己赶出去，但是愿意赔偿违约金，还给自己一个星期时间寻找新的住处，你告诉自己："我可以找一个离公司近的房子，既可以多睡一会儿懒觉，又省下来交通费，这是两全其美！"结果，生活也会善待你。

苏格拉底年轻时和朋友住在一个环境恶劣的小屋子里，但是他每天都乐呵呵的。有人问他为什么，他回答说："虽然这里环境不好，但是我可以和志同道合的朋友一起学习、讨论、研究，这难道不值得高兴吗？"

很快，朋友们都搬离了，只剩下苏格拉底一个人住在这里，但是他没有烦恼，也没有抱怨。有人问他为什么还这样高兴，他说："虽然我的朋友们离开了，但是我的书还在这里。这些书永远都不会离开我。有了它们的陪伴，难道不值得高兴吗？"

这就是苏格拉底的聪明之处。他懂得用逆向思维来看待周围恶劣的环境、朋友的离开，所以他永远不会不快乐，生活也不会那么糟糕。

看问题要一分为二，你逆着看逆境，思考着如何走出，分析它是否可以转化，就会产生不一样的结果。俄国作家契诃夫在《生活是美好的》一书中写了这样一段话："如果火柴在你的衣袋里燃烧起来了，你应该高兴，而且要感谢上苍，幸亏你的衣袋不是火药库。如果有穷亲戚到别墅来找你，你不要脸色发白，而是要高兴地说：幸亏来的不是警察……”

糟糕的生活，完全是因为你用消极的心态来看待生活。其实，生活本身是没有问题的，障碍都是你的思维方式造成的。就算生活有些糟糕，你为什么不从好的角度来看它，寻找不幸生活中隐藏的希望，发现恶意中的一丝善意呢？

所以，当我们的生活不尽如人意的时候，要学着逆转自己的思维方式，把事情往好处想，就会发现生活没有那么糟糕，内心也会豁然开朗。善于发现黑暗中的一点儿亮光，看到乌云背后的一丝阳光，并且相信它能照亮自己，你便可迎来美好。

压力，它有着另一面

压力，谁都有，来源不同，大小也不同。但是压力这个东西，是好事还是坏事，取决于我们用哪一种心态和思维方式去面对它。当你以消极、抱怨、崩溃的心态面对它，问题就会越来越大，麻烦也会越来越棘手。如果你积极、乐观，看到压力的另一面，就可能甩掉压力，还可能得到精彩的结果。

其实，压力就像一枚硬币，有着正面和反面。我们只看到其中一面，如困难、挫折、麻烦，就会感觉有一座大山压在头顶，让我们喘不过气来。相反，如果能转个身，发现它的另一面，如锻炼、机遇，便可以借着这个机会奋起。

某音乐学院有一位教授，以严厉出名，跟他学习的学生都被弄得苦不堪言。一位刚考入音乐学院的学生很有天赋，在几周的学习之后，这位教授就给了他一份非常难的乐谱。学生拿在手里，说："这个太难了，我不可能完成。"教授依旧让他试试。结果，他弹得错误百出，教授没有说什么，只是让他好好练习。

面对这样高难度的乐谱，这个学生自认为很难完成布置的作业，但是怎么能违逆老师呢？无可奈何之下，这个学生只能硬着头皮去练习，每天坚持弹琴两个小时以上，一遍又一遍，不厌其烦。

好不容易练熟一首曲谱，教授又发下来一首难度更大的。学生只能继续，加大练习强度，延长练习时间。他怀疑这个教授心理不健康，专门以虐学生为乐，也怀疑教授的教学方式，给学生这样大的压力，怎能让学生对学习感兴趣，好好学习呢？

就这样，教授发下来的乐谱越来越难，这个学生也越来越苦不堪言。终于有一天，当这个学生熟练地弹奏一首曲子后，教授只是随口说了句“嗯，不错”，然后又发放了一首更高难度的乐谱。这个学生压抑不住了，质问教授说：“您这是干什么？难道是以捉弄我为乐吗？”

听了这话，教授笑了笑，没有说话，随后拿出最早让学生练习的乐谱，让他弹奏。学生弹奏时，他惊讶地发现：自己竟然把这首曲子弹得如此美妙，手法是那样娴熟！教授又拿出第二周的乐谱让学生弹，学生依旧弹得非常不错，远远超出自己的想象。

这时，教授笑着说：“我不喜欢捉弄人，也不会捉弄人。我一直让你练习高难度的乐谱，且不断提高乐谱难度，是为了让你在压力下把潜能激发出来。因为有压力，你才会更努力，才能被激发出更大的潜力！”

这个学生明白了教授的用心，之后再也没有抱怨过，反而更加努力地学起来，后来成为著名的演奏家。

压力就是动力，就是激发人们潜能的一种神奇的力量。人们常说“井无压力不出油，人无压力轻飘飘”，说的就是这个道理。就好像100米短跑纪录，卡尔·刘易斯几十年前跑出了9.93秒，创造新的纪录。这给全世界的运动员以巨大压力，同时也刺激他们不断提升自己，激发了后来者的潜能。于是，这个纪录一直被打破，从勒罗伊·伯勒尔的9.90秒到莫里斯·格林的9.79秒，再到阿萨法·鲍威尔的9.74秒，然后是尤塞恩·博尔特的9.72秒、9.58秒……

还有我国的第一颗原子弹爆炸到氢弹爆炸研究之路，在当时没有技术支持、物资和生活资料匮乏的条件下，只用了2年8个月时间，就实现了自我突破，更让世界为之震惊。

所以说，任何事情都有两面性，压力同样如此。面对压力，我们消极、逃避，只能看到它坏的一面，被它吓倒、压垮。然而，如果我们逆着看压力，坦然面对它，把它当作动力，它就会被我们所用，呈现出积极的一面，并让我们最终获得成功。

失去的东西，可能并不属于你

人们总是习惯于得到，不习惯于失去，把得到看作理所应当，把失去看作不应该、不正常。所以，人们不愿意失去，每当失去某一件东西时就会失落、委屈，甚至是悔恨；人们不甘心于失去，于是为了重新得到这件东西，不惜付出大量的时间和精力，不惜放弃其他珍贵的东西。一旦无力挽回，便感觉整个世界都崩塌了，陷入痛苦中难以自拔。

但是，你有没有想过：这些失去的东西，可能并不属于你呢？你只是暂时得到了而已。其实，不管这是不是事实，只要能倒过来想，把失去的东西看作不属于自己的，并且因为暂时得到而庆幸和满足，结果就会不一样。因为思考的角度不一样了，你便不会因为失去而委屈、不甘，也不会苦苦地想把它找回来。

小齐在一个公司实习，她是同期实习生中最优秀的，做事也是最勤劳的。她虚心好学，遇到不懂的问题就向带自己的老师提问，也能完美不拖沓地完成上司交代的工作任务，且永远都是最早到公司，加班到最后的一个。所有同事和上司都很欣赏她，她也以为自己会是留下的那一个。可是，公布应聘结果的那一天，她却发现名单上是另一个人的名字。

小齐感到不可思议，不知道是哪个环节出了错。她不甘心，开始找上司，找领导。领导的一句话让她清醒过来，领导说："尽管你很优秀，但你的技能和经验与这个职位的需求还不是完全匹配，我们想寻找更适合的人选。"

没错，职位本就不属于小齐，又何谈失去呢？当她了解到这个真相之后，她不再埋怨，反而开始庆幸，因为自己一直努力学习，能力得到很大提升。之后，她继续努力，不管做什么事都积极主动，最后成功签约一家不错的公司。

其实，失去这件事本身并不值得纠结和痛苦，尤其是对于本不属于自己的东西，如果追求不舍，只能是自作自受。

再说，失去可能是一种遗憾，难免让我们失落和悲伤，但是既然已经失去，它就成为既定事实，无法再改变。若是始终无法放下，扩大这份失落和悲伤，它就会在你的内心中投下一片阴影，让生活变得苦涩。相反，要是能正视失去，接受现实，阴影反而会慢慢消散，一些美好就会逐渐占据你的生活。

相传在一个偏僻的小山村，有一种特别神奇的泉水，可以治愈所有疾病。一天，一个只有一条腿的士兵来到这里，向当地人打听泉水的所在。一位老人问："小伙子，你想要再长出一条腿吗？"

士兵笑着说："不，我不想再长出一条腿，因为我已经失去了它。现在，我只想让自己的身体变得健康，用一条腿也能很好地生活下去！"

这个士兵失去一条腿，他很痛苦，但是没有纠结，也没有陷入痛苦中无法自拔。他坦然地接受了现实，并且想要更好地活下去。相信有了这样的心态，他定会成为生活的强者，迎来美好的生活。

失去是暂时的，委屈和悲伤也应该是暂时的。我们应该倒过来想一想，用积极洒脱的心态看待失去，就会“失之东隅，收之桑榆”。况且，人生不会总是失去，总会有得到，那些曾经失去的东西，或许在不久的将来会以另一方式获得。如果紧紧抓住失去不放，便会失去重新获得的机会。因此，我们不要把失去只当作坏事，要用逆向思维来看它，让失去变得可爱些。

缺点逆用，让它变成有价值的东西

垃圾只是放错了地方的宝贝。同样的道理，一个人的缺点只是没有找到发挥其价值的地方而已。

生活中，每个人都不是完美的，有这样那样的缺点甚至缺陷。就因为这样，一些人暗自神伤，觉得自己一无是处，也放弃了努力的机会。甚至一些人会拼命掩盖这些缺点，以至于一生都在做这件事情。换句话说，能正视自己缺点和缺陷的人实在太少了，把缺点变成优点的人更是寥寥无几。

但在一定的条件下，一个人的优点可以变成缺点，缺点也可以变得有价值。只要我们善于利用逆向思维，把它用在恰当的位置，或是合理利用，就可以化不利为有利。

在寺庙里有两佛，一个是笑脸相迎的弥勒佛，一个是黑口黑脸的韦陀。可是很久之前，他们并不在同一个寺庙，而是掌管不同的寺庙。弥勒佛整天都笑眯眯的，对人热情，所以香火很旺盛。但是弥勒佛大大咧咧的，做事随意、没有条理，经常丢三落四，所以他管理不好账目，寺庙时常入不敷出。

韦陀是个做事严谨的人，善于管理账目，也不会丢三落四，但是他整天都黑着脸，从来不会笑，也不会温和地对待人，所以香火并不旺盛，甚至没有人愿意前来拜佛。

这两个人都有优点，也都有缺点，但结果是一样的——寺庙入不敷出。很快，佛祖发现了这个问题，便把他们安置在一个寺庙里，并且进行了明确分工：弥勒佛负责迎客，韦陀负责管理账目。这样一来，优点得到发挥，缺点也得到了合理运用。弥勒佛的不拘小节和韦陀的严肃、铁面转变为优点，寺庙的香火越来越旺。

从某种程度上说，缺点就是没有用好的优点。比如，你喜欢吹毛求疵，这是一个缺点，那么就尝试着负责精密性的工作，或是负责质检，这个缺点就会变成工作严谨、注重细节。如果你不懂得变通，做事死板，它也是一个缺点，那么就尝试从事研究，或是做严谨的工作，也可以充分发挥个人价值。

我们说，垃圾可以变废为宝，同样，缺点也可以变成有价值的东西，关键在于你从什么角度去看它。如果你认为它只是缺点，会限制自己，让自己落后于其他人，那么它就会成为你的累赘。如果你把缺点逆用，它就会变成有价值的东西，并且帮助你找到自己的位置，然后得到巨大的收获。

无独有偶。这里还有一个故事：制造感光材料时，需要工人长期在暗室里工作。选择工作人员时，柯达公司犯了难，因为没有人愿意承担这个工作任务。视力正常的人长时间待在暗室，就容易身体不适，压力加大，精神紧张，还可能影响视力。

这时候，有人提议：如果让盲人来做这个工作，是不是可以提高工作效率？

公司高层立即采纳这个建议，把暗室的工作人员全部换成盲人。结果正如人们所料，不仅工作效率得到提高，工作质量也得到大幅度提升。

眼盲，是一个缺点，甚至是缺陷。但是柯达公司却把缺点逆用，很好地利用盲人的这个缺点，让盲人发挥了个人价值，同时解决了公司面临的难题，真的是一举两得。

缺点，在你的观念和思维里，它是消极的、不利的，但是观念一变、思维一变，为缺点找到一个合适的地方，优点就会出现，你成功的概率也会增加。因此，扬长避短，是我们应该做的，因为它可以让我们凸显优势，更容易做好每一件事。但需要注意的是，合理地利用自己的缺点，把缺点转化为优点，也是我们应该做的。

当人生陷入平庸，尽快找到一根痛苦的“刺”

当生活趋于平淡、人生陷入平庸，我们最需要的不是尽快找到幸福的秘诀，而是找到一根痛苦的“刺”，让这根刺刺痛自己、警醒自己。一心寻找幸福，便会被挫折、失败折磨，失去继续的信心，认为自己的生活和人生或许本该如此。若是能逆向去看，找到能刺痛自己的“刺”，结果就会有所改变。

大多数人不喜欢痛苦和折磨，这是因为他们都是按照最常规的思维去思考——我已经这么平庸、失败，经历了这些痛苦和折磨，人生便更没有希望了。可是，一些人却明确地知道，如果没有那些痛苦的事折磨和敲打自己，没有那些挫折鞭策自己，没有那些失败刺激自己，自己更甘于平庸和失败，人生终究无法彻底改变。

她是一位美丽、智慧、优雅的主持人，但之前她并不是这个样子，她羞怯、不自信。在成为主持人之前，她是校园中最普通的学生，因为成绩不突出而沮丧，因为听不懂课而自卑。

她当时想：“或许我就是这样一个人，无法优秀，也无法赢得精彩的人生。”可是，很快她就否决了这个得过且过的想法，并对自己说：“如果你甘于这样，不做出改变，未来就真的一塌糊涂了。”所以，她转变思维，尝试着当众讲话，努力学习自己不擅长的英语。这样做的结果——出丑、失败，被人嘲笑。自卑的她很痛苦，每次出丑的时候都无比难受，可就是这种痛苦的感觉刺痛了她、刺激了她，让她发誓和自己死磕到底。

后来，她成为出色的主持人，能用英语和嘉宾谈笑风生，变成行业的佼佼者。不过，令人吃惊的是，正当她的事业风生水起时，她毅然选择到美国读书，租住在简陋、时常有老鼠出没的公寓里，每天熬夜学习到次日凌晨两点钟……

再后来，她成为出色的节目策划人，拥有自己的访谈节目，也成为全球最有影响力的女性之一。面对成功与经历的痛苦，她说："每一次我要改变肯定是因为与周围不和谐的情况已经达到极限，我既然想要改变，就能够承受那样的痛苦。"

因此，如果生活过于平庸，或是日子有些艰难，你不要试图逃避和抱怨，而是逆转思维，主动接受一些痛苦、挫折，让它们成为刺醒自己的一根"刺"。在接受痛苦和折磨的过程中，我们的精神才能得到涅槃，潜力才能被激发，然后努力地重生。

说到这里，道理其实已经很明白了，我们可以有很多方法来逃避，但是面对痛苦、主动承担痛苦，才是脱离困境的最佳方式。不要因为之前的小问题而逃避，也不要一味地认为只有逃避了，才会找到幸福生活。

再看这个年轻人：杰克很喜欢骑摩托车。一天，他正骑着新买的摩托车行驶在道路上，意外发生了——前方卡车突然爆胎，杰克来不及做出任何反应，只能顺势摔倒，避免撞上卡车。虽然他躲过了激烈的撞击，但因为当时车速太快，杰克摔得非常严重，全身多处骨折。最严重的是，摩托车因为漏油而起火爆炸，杰克的脸部、腿部皮肤被大面积烧伤。

经过抢救，杰克脱离了生命危险，但是烧伤导致的疼痛却让他生不如死。他没有办法入睡，就算吃止痛片也无法缓解伤口给他带来的疼痛。但是他没有放弃，而是不停地对自己说："我还年轻，不管怎样，我都得挺过去，只有挺过去，才能有好的生活。"之后，他开始了新的生活。

然而，命运好像故意和他过不去。几年后，他又遭遇了交通意外，虽然捡回一条命，但是失去了一条腿，只能靠义肢活动。别人都以为他会失去活下去的信心，但是这却燃起了他的斗志，发誓一定要活得更精彩。

在痛苦的刺激下，他更积极地工作和生活，并且还感谢这些痛苦的激励，让他成为一名出色的商人，体验到别人无法体验的成功与幸福。

年轻人的人生是不幸的，接二连三地遭遇痛苦和折磨，但是他没有痛不欲生、抱怨连连，而是主动地接受这个挑战，让这个"刺"成为激起自己斗志的有力武器。因此，我们需要明白，虽然我们可以逃避痛苦和折磨，但这样做的结果就是毁掉自己。面对苦难和不幸，害怕和恐惧是在所难免的。然而，只有不逃避、不恐惧，选择让自己和这些"刺"融为一体，才能把自我潜能激发出来。

逆境中有危机，危机中有生机

顺境和逆境都是我们有可能遇到的。弱者喜欢顺境，因为这里处处是生机，更容易成功，不会经历失败和挫折；而强者喜欢逆境，因为逆境中虽然有危机，却也有无限生机。只要我们不陷入逆境就慌了神、丢了信心，反而能换个角度，调整心态，便可轻松发现其中的生机。

而且，生机和危机是可以相互转化的。当我们身处顺境，感觉一切顺风顺水之时，就会麻痹大意，失去进取心，导致做错事、走错路，让自己陷入危机。

所以说，我们要反过来看，冷静地思考，积极地行动，寻找逆境中的生机。当我们不甘于失败，掌控好自己的行为，就有机会把逆境转变为顺境，找到通往成功的大道。

有这样一位探险家，名叫乔·辛普森。一天，他和朋友西蒙以及另外两个人组成一个团队，攀登秘鲁安第斯山脉的西鲁拉格峰。在他们之前，也有过一些登山者试图征服这座山峰，但是都因为天气恶劣、山路过于险峻而退缩了。

刚到山脚下，另外两人也退缩了，只有辛普森和西蒙继续坚持。虽然天气非常恶劣，但是他们凭借能力和毅力成功了。然而，在下山的途中，辛普森突然一脚踏空跌下陡坡，左腿膝盖骨被一块凸起的岩石撞得粉碎。幸好，西蒙抓住辛普森腰间的绳子，才让他暂时获得安全。西蒙拼死地抓住绳子，一步一步地往下移，想要去解救辛普森。但是马上成功时，他发现系着辛普森的绳子剧烈地摇动起来，虽然他做了很大努力，但已经无能为力。辛普森朝向一道很深的裂缝滑去，西蒙也被拉着滑下去……危急时刻，西蒙只能用刀子割断牵着辛普森的绳子。

下山后，西蒙非常后悔，立即展开搜救工作。同时，辛普森因为被山崖上突出的山岩挡了几次，延缓了下降的速度，又落到了积雪上，侥幸活了下来。但是，他伤得非常重，全身剧烈疼痛。幸好他没有放弃求生的机会，忍着剧痛向前爬着。就这样，辛普森爬了大约7000米，终于遇到前来搜救的西蒙。

辛普森捡回了一条命，但是这次事故却让他遭受巨大打击。两年之内，他做了5次手术，每天都被关节的疼痛折磨得苦不堪言，还产生了心跳加快、呼吸急促、身体颤抖的后遗症。而且，他不能做剧烈运动，更不能爬山。这让辛普森绝望不已，感觉生命失去了意义。

辛普森不知道的是，朋友西蒙也深陷痛苦之中。因为他割断了绳子，人们都嘲讽他，说他贪生怕死、置朋友的生死于不顾。不管他怎样解释，人们都不愿意听，更不理解。于是，他放弃了爬山，也离开了原本生活的地方。后来，辛普森来找西蒙，才知道他身上发生的一切。他知道，西蒙并不是一个坏人，也不是贪生怕死的人，在那种情况下，割断绳子是正确的做法。他极力为西蒙解释，但是人们无法理解，仍一味地指责西蒙。

所以，辛普森找到西蒙，告诉他自己理解他，说自己已经不能爬山，不希望自己的朋友为了自己而放弃热爱的东西。通过和西蒙的交谈，辛普森也决定把两人的事情写下来，让人们了解事情的真相，解除对西蒙的误解。

很快，辛普森就联系到一家知名的出版公司，并且一鼓作气完成了创作，把书取名为《感受空旷》。这本书出版后，受到很多登山者和读者的喜欢，销量很快超过100万册，并且获得登山纪实性文学的最高奖项——“塔斯科奖”，之后又获得“英国非小说类文学奖”。

辛普森本来是为了西蒙而写书，但是写作的过程中，他的心灵也得到解脱，找到了又一个自己热爱的事物。他把对于登山的热爱转移和融入写作中，也从中找到了未来生活的方向。后来，他全身心地写作，先后创作了小说《液体人》、纪实小说《幽灵的游戏》等，受到读者的热烈欢迎，多次荣获大奖。

辛普森是一个不幸的人，因为一次意外不得不放弃热爱的登山，人生陷入逆境。但是，通过为朋友西蒙辩解而写作让他找到新的生机，不仅把自己从困境中解脱出来，还迎来了又一个辉煌人生。

是的，逆境是人生中的旋涡，把我们拖入深渊，让我们绝望。但是，逆境中也有生机，存在某种价值。只要我们沉静地面对和思考，在精神上获得胜利，就可以离顺境越来越近。

当然，在逆境中寻找生机，无关智商与能力，关键在于思维和心态。运用逆思维，冷静地分析形势，积极地寻找契机，保持一种积极的、无畏的心态，便会心想事成。

第三章 <<<

换位思维，就是“由彼观彼”

所谓换位思考，有三个层次：一是意识到自己应该换位思考，具有换位思维；二是能想他人所想，感同身受；三是主动愿意为他人着想，即便与他人有利益冲突，也愿意让利给他人。简单来说，就是从“由己观彼”转变为“由彼观彼”。

对抗还不如对话

有人找你麻烦，你该怎样去应对？或者有人和你有利益冲突，你是否会把对方当作仇敌？

按照一些人的常规思维，有人找我麻烦，我就加倍还回去，让对方见识我的厉害，才不会再肆意妄为；有的人和我是对手关系，有竞争力，也存在利益冲突，于是便对对方心存忌惮，把他当仇敌一般。

在这样的思维下，这些人的境遇会越来越好，人生会越来越成功吗？当然不是这样的。相反，因为对抗的人持续增加，而这些人没有壮大自己，反而会把路走得越来越窄。若是遇到一些挫折和困难，找不到拉自己一把的人，他也很难找到友好的合作伙伴。

其实，对抗还不如对话。把对抗的思维转换为对话的思维，不刻意制造对手，同时抱着友好的态度看待有冲突的人，才是成功者的做法。

李开是个生意人，专门做皮包生意，因为为人和气，他很受上下游合作伙伴的欢迎。最近一个竞争对手发布消息，说李开的进货渠道有问题，以次充好，以假乱真。一时间，李开的生意大受影响，丢失了几个不小的订单。好在李开之前积累了比较好的人缘和信誉，经过一番奔波，他好不容易缓了过来。

碰到这样的事，很多人会狠狠地还击，李开手下的员工也建议他马上还以颜色。李开却拒绝了，说：“这几年他的生意不好做，市场被我们抢了不少，或许就是因为这样，才做出这样的事情。我还是别刻意还击了，如果有可能还要把他变为合作对象，这样或许可以少些麻烦，多一些好处。”

几日后，李开找到这个竞争对手，说：“老兄，我知道你被一些人蒙蔽了，误认为我的进货渠道有问题，其实我们的渠道都是正规的，产品质量也是上乘的。”李开用误会打开对话的缺口，坦白分析彼此的优势和劣势，并且表示之后可以进行合作。

竞争对手自然知道李开是在给自己情面，不仅心存愧疚，还敬佩其为人，连忙“就坡下驴”，为自己的失察导致李开生意受损而深感抱歉，且愿意赔偿其经济损失。后来，他们真的成为合作伙伴，互通有无，也实现了双赢。

转变一下思维，与对手的关系不一定是你死我活、水火不相容；把“争”变成“让”，把对抗变成对话，反而更和谐与美好。任何事情都有两面性，其不利的一面和有利的一面是可以相互转化的。对抗可以让我们获得一些利益，但是当它的利转化为弊，吃亏的还是我们。相反，对话虽然可以让我们丢失一些利益，但是当它的弊转化为利，我们得到的要比失去的更多。

商界有很多这样的例子，如麦当劳与肯德基、奔驰与宝马、微软和苹果、美团和饿了么、戴尔和惠普等。竞争者之间曾经处于对抗状态，就市场控制权、市场占有率展开激烈竞争，营销战、价格战，争个不亦乐乎。结果，谁也没有占到便宜、得到好处，反而相互消耗。

但是，当这些竞争者开始逆转思维，变竞争为合作、对抗为对话，反而提升了双方的发展空间。比如，当苹果公司陷入困境之时，微软不仅向它投资，还为它推出新的系统，良好的合作也促使双方进入一个新时代。再如，麦当劳最开始就是一家开在街边的汉堡店，目的就是打败对手，把对方的客户抢过来。后来，它发明了连锁和加盟模式，把竞争对手变成合作者——变成自己的连锁店，结果从小企业发展成连锁大企业。

所以，比起对抗，对话的思维是明智的。转变思维模式，不用冲突解决冲突，避免把竞争对手当作敌人，才能获得最大的价值。

你不愿意做，别人也不愿意做

你不愿意做的事情，往往也是别人不愿意做的。当你要求别人做一些事的时候，不妨逆思维思考一下，问问自己愿不愿去做，如果自己都不愿去做，就不要强求别人了。不论语言还是行为，立即停止，不要强加于人。

别以为这很难做到，如果能转换立场，理解他人，设身处地为他人着想，便可以轻松做到。然而，很多人习惯从自我立场出发，只顾及自己的感受和得失，不愿意转换思维，所以往往会出现“己不所欲，施于他人”的行为。

战国时期，有一个叫白圭的人，他和孟子谈起大禹把洪水引入大海这件事，说：“如果让我来治水，一定比大禹做得更好。只要我把河道疏通了，让洪水流到邻国去，不就行了吗？”

孟子听了这话，毫不客气地说：“你错了！把邻国作为泄洪之地，把洪水都排泄到那里去，很可能会造成洪水倒灌，造成更大的危害。有仁德的人，绝对不会这样做！”

这就是成语“以邻为壑”的由来。白圭绝对是一个只考虑自己的人，为了本国不被洪水淹没，把洪水引到邻国，难道他不愿自己遭受灾难，就让邻国来遭受灾难吗？这种“己所不欲却施于他人”的做法，结果当然不会好。

我们需要一种换位思维，站在别人的角度来想一想，理解对方的感受，考虑对方的利益。你不愿意做的事情，不要强迫别人去做，因为别人也不愿意做。即便你愿意做的事情，也不要强迫别人去做，因为你是你，别人是别人，你愿意做，不代表对方也愿意去做。

我们习惯从自己的立场出发，更习惯以己度人，却忘了给别人的东西、要求别人做的事，只有一个标准，那就是别人的意愿。说白了，我们需要学会换位思考，尊重他人，由彼观彼，而不是由己观彼。

比如，有一个客户非常难缠，喜欢挑刺，一个方案总是来回改七八次，还要继续改。面对这个客户，你很发怵，不愿意与他沟通，这时候，公司来了一个新同事，做事积极，询问你是否有需要帮忙的，你是直接把这个客户推给他，还是自己搞定?

再如，这个难缠的客户并不是吹毛求疵，只是因为他的领导太严厉，一旦他把关不严，方案出现一丝丝问题，他就会被痛骂一顿。这时候，你是设身处地地理解他的难处，直接和他的领导沟通方案，还是继续埋怨呢?

绝大多数时候，人们只会考虑自己，很少设身处地地理解他人，但事实上，如果能换位思考的话，更可能让自己获利。

换位思考，有三个层次：一是意识到自己应该换位思考，具有换位思维；二是能想他人所想，感同身受；三是主动愿意为他人着想，即便与他人有利益冲突，也愿意让利给他人。换位思考说起来容易，但是做起来并不容易，真正能达到第三个层次的人则是少之又少。但是，只要你有这个意识，并且达到第二层，就可以更好地与人相处，让人际关系和生活都变得更顺畅美好。

因此，我们都需要记住“己所不欲，勿施于人”，你不愿意做的事，往往也是别人不愿意做的。当你不愿做或做不了某些事的时候，不妨换位思考。当我们的立场和角度转换了，就更会理解和尊重他人了，不会做出利己而不利他或是损人不利己的事情。

对自己宽容，还是对他人宽容

人必须学会宽容自己，原谅自己的失败与过错，让内心得到释放和放松。但是宽容自己不代表放纵自己，更不代表对自己宽容、对别人苛刻。

大部分人总是对别人要求严格，对自己要求宽松。这是很多人存在的问题，也是很多人的常规思维。一些人做着正能量的事，牺牲自己的休息时间，帮助车主拖出被水淹的汽车，只象征性地收取几十元费用。在网络上，少部分人却嚷嚷着："为什么要收费？难道就不能助人为乐吗？""这一收费，性质就变了！"轮到他自己，他则说："我才不那么傻呢！"

一件事情，他人做错了，或是稍微有些小瑕疵，我们便会毫不留情地指出来，严厉地训斥和指责。可是他自己做错了，却总是自我宽慰，"反正我不是故意的""这是个小错，没什么大不了的"，然后轻轻松松就原谅了自己。

一位主持人在某个重要场合发生口误，接连叫错嘉宾的名字，不仅让现场尴尬无比，也失去了一个主持人应有的专业和风范。本来，犯错在所难免，只要主持人能诚信认错，积极改错，也就没什么大问题了。然而，这位主持人只是在社交媒体发了一个简单的"下不为例"，就轻松地宽容了自己。

只过了一个星期，这位主持人在主持某活动时又叫错了一个嘉宾的名字，事后她又道歉了，可是态度似乎并不诚恳，还一直删除那些批评自己的网友评论。这是真的认错吗？又是否认识到自己的错误了呢？

宽容自己没有错，只有对自己宽容，才能走出失败，不苦苦纠结。但是，太容易宽容自己，不严加要求，却对他人苛刻，不允许他人犯错，便很容易陷入困境。就像这位主持人一样，给观众留下了不好的印象，也影响了个人事业发展。

有这样一个寓言：

森林成立了一个“狩猎联盟”，所有动物都团结起来，计划通过分工合作的方式提升捕猎的能力。

野驴和狮子组成一个“联盟”，为了捕到更多的猎物，它们专门制定了一个条约：野驴耐力强，跑得远，负责寻找猎物；狮子有强大的爆发力，是天生的猎手，捕捉猎物的工作就落在它的头上。此外，因为狮子的地位要比野驴高，于是分配猎物的权力交给了狮子。

一开始，强强联合的确发挥了巨大的优势，它们捕到猎物的数量最多。但是随着时间的推移，彼此的弱点暴露出来，矛盾也逐渐升级。比如，野驴的脾气非常暴躁，经常一言不合就发脾气，还喜欢骂骂咧咧；而狮子呢，禀性霸道，非常自傲，不管野驴说什么，它都觉得是在挑战自己的权威。

一次捕猎后，野驴和狮子又发生了争吵，狮子便趁着分配猎物时教训野驴。它把猎物分为三份，然后霸道地只分给野驴第三份中的一半。听了狮子的话，野驴又气又恼，冲着狮子怒吼一通就离开了。

很快，狮子高兴地吃完所有的猎物，然后又兴冲冲地展开狩猎之旅。但是因为没有了野驴的协助，狮子的狩猎过程并不顺利，半天都没有找到一个猎物。野驴也没有好到哪里去，虽然找到了猎物，却不小心让它逃走了。至此，它们都回到了饥一顿饱一顿的日子……

狮子和野驴本是最佳拍档，一起合作，能够发挥最大优势。但可惜的是，它们都犯了一个错误：看不惯对方，苛刻对方，却不懂得反省自己，结果因为缺乏包容，让联盟走向破裂，也让自己的生活陷入困境。

所以，当对自己宽容、对别人严格时，我们不妨换位思考一下：要严于律己，对自己要求严格，便不会太容易原谅自己，不会放纵自己；要学会用宽容的态度接纳不同的人、不同的事，理解他人的世界，关注他人的感受，便不会处处挑剔、抱怨，不会容不得他人犯的一点儿小错。

不管什么时候，把自己当成别人，把别人当成自己，多换位后，自然可以将心比心，宽容自己，也善待别人。

你越完美，可能越不受欢迎

生活中有很多人追求优秀，追求完美，觉得一个人完美优秀才是最理想、最受欢迎的。但实际上不是这样，人们最喜欢的往往不是最完美优秀的那一个，反而是有些小缺点的那一个。

在电视剧《权力游戏》中，琼恩是个接近完美的人，他英勇无畏，信守承诺，救了很多人，而且随时愿意为了守护他人而牺牲自己。他内心没有权力欲，也不喜欢杀戮，但是为了实现对龙母的承诺，会与她一起战斗。然而，他不是观众最喜欢的人，反而是有些被讨厌的人。

相反，观众更喜欢另一个人，即小恶魔提利昂。他善于思考，富有谋略，在大是大非问题上保持着正确的选择；内心善良，厌恶那些真正的恶人，欣赏那些真正的好人，并且从内心愿意帮助和辅佐他们。

但是他并不完美，也不是剧中最优秀的人。他是一个相貌丑陋的侏儒，和家人关系不好，还喜欢混迹于风月场所，甚至亲手杀死自己的父亲。他喜欢以暴制暴，对那些真正的恶人毫不手软，不留一点儿情面。然而大部分观众不但不讨厌他，反而很喜欢他。

还有几年前某选秀节目出来的一位选手，在很多完美优秀的选手中显得有些笨拙，唱歌跑调，不善于跳舞，却成功“出圈”，不仅获得第三名的好成绩，还收获无数观众的喜欢和青睐。之后，她成为团员中最受欢迎的人，频频参加各类综艺节目，还出演了电影，站在影响中国年度人物盛典的舞台上。

这是为什么？因为我们的内心存在很多对立的需求。一方面，我们对别人怀有期待，希望对方完美优秀；另一方面，当对方真的完美优秀之后，我们又觉得这不真实，有距离感，从而不会喜欢他。

所以，在人际交往中，那些糟糕的人固然不受欢迎，但太过优秀完美的人往往也不是最受欢迎的，因为完美优秀的人会给人一种压迫感，让人感觉不真实、高不可攀，同时还可能让人觉得自惭形秽、自尊受损。

要知道，炫耀是人的一种本能，自重感也是人们内心中最重要的需求。每个人都想受人关注，想努力塑造一个完美优秀的自我，于是当一个完美优秀的人真的站在他的面前，或是成为他的朋友后，他不但不会喜欢上对方，还可能产生心理排斥。

这在心理学上叫“犯错误效应”。不妨反思一下自己，或是看看身边的人和事，是不是有类似的情形：人们都喜欢完美优秀的人；但是如果对方表现得过于完美，没有缺点，没有瑕疵，人们反而不会真正地接纳和喜欢他，而是敬而远之。

所以，我们要逆思维思考，在日常人际交往中没有必要逼着自己完美，也不要凸显自己的优秀。就算你真的是个成功人士，谈吐优雅，博学强知，样样精通，也不要给人这样的形象。最好是暴露出一些小缺点，或是偶尔犯一些小错误，这反而会增加你的吸引力。

这些小缺点和小错误，不会让你的形象和地位一落千丈，反而会淡化你的光芒，降低带给对方的压力，因此赢得更多人的喜欢。事实上，很多优秀成功的人懂得逆思维，不是塑造自己的完美形象，而是把小缺点暴露出来。比如，一个公司总经理与一线员工谈话，不是说自己如何

“英明神武”，而是笑着说：“我之前也做过这个工作，不过没有你做得好，还时常被师傅骂，说我笨手笨脚……”一下子，总经理就拉近了与员工的距离，不仅便于沟通，更能得到员工的尊重和敬佩。

总之，记住一句话：太完美优秀的人，可能不受欢迎；有缺点的人，反而更有吸引力，更让人愿意接近。所以，不妨反向操作，别凸显自己的完美优秀，而是暴露一些小缺点。

别人失意时，不要说自己得意的事

人都有得意的时候，每当这个时候，大部分人会想拿来和朋友、同事或亲人分享或炫耀，让对方了解自己兴奋的心情，或是和对方显摆一下。但这不是很恰当的行为。或许你会疑惑：难道我不能谈自己的得意事吗?

并不是不能谈，而是要看在什么场合谈，和什么人来谈。你可以和有同样心境的朋友谈，一起出去庆祝；可以和路边的陌生人谈，享受他们艳羡的目光。但是不能和正失意的人去谈。

因为失意人的心理是最脆弱的，有关得意的话题都可能对他们产生刺激。虽然你的话没有谈到他们，但是会让他们想到自己的失败、痛苦，感觉自己的无能。虽然你的话没有讽刺的意味，但是在他们看来，这些话就是在打自己的脸，揭开自己的伤疤，进而产生很大的伤害。如果遇到心胸不太宽广的人，还可能对你产生抱怨、怨恨，故意说你的坏话，与你为敌。

陈亚是一个优秀的人，以优异的成绩获得美国留学的机会，并经朋友介绍，寄住在另一个留学生的房子里。这个留学生叫李璐，父亲在国内经商，家境非常好，为了她在留学期间能住得舒服，专门在当地买了一套房。

陈亚是一个非常要强的人，虽然平时课业负担重，但还是会积极参加各种社团活动，备考SAT和ACT（均被称为“美国高考”）。所有的努力都是有意义的，陈亚在期末考核中有几门功课拿了A，还拿到了奖学金。

拿到奖学金后，陈亚立即和朋友出去庆祝。虽然她平时很节省，从来不去高档餐厅用餐，但是这一次却破了例，还喝了一些红酒。回到住所后，陈亚很兴奋，很激动，拉着李璐说自己如何高兴……

可是她忘了李璐的成绩并不好，尽管父亲让她不必在意成绩，但是她仍耿耿于怀。尽管她很努力，但是效果并不好，这次考核她有一门功课没有通过。看着陈亚这样高兴，她心里很难受，也很嫉妒。李璐看着陈亚好半天，然后说了一句：“陈亚，你明天搬出去吧！我没办法让你住下去了！”

陈亚愣住了，不知道发生了什么。李璐继续说：“一开始，我很欢迎你的到来，因为这意味着我多了一个朋友，我们可以彼此陪伴。但是很快，我发现你太优秀了，而且总是和我炫耀，说自己又做了Leader（担任领导或管理职务的人），获得了讲师的夸奖……每次听到你的话，我就觉得自己太没用了，也不知所措起来。”

李璐停了停，继续说：“这一次我的成绩很糟糕，有一门功课没有通过，而你却得到了A，而且得到了奖学金……我很痛苦，不知道怎么面对你，所以……”

直到这时，陈亚才知道自己只顾着张扬和得意，完全没有顾及李璐，更没有想到自己的炫耀给李璐带来了这么多痛苦。后来，陈亚离开了，并且真诚地向李璐道了歉。

陈亚无辜吗？其实她并不无辜，因为她没有换位思考，没有顾及李璐的处境和心情。李璐是友好的，但是成绩不好，努力无效，让她的心理非常脆弱，面对陈亚的无心炫耀就更痛苦了。这是一种人之常情。不妨转换一下位置，调换一个角色想一想，当自己失意之时，别人在我们面前大谈他的得意之事，我们的感受会是怎样呢?

因此，我们要换位思考，多了解他人，多为他人着想。当他人正处在失意之时，不要一个劲儿地谈论自己的得意；当别人发生错误之时，不要强调自己如何正确。否则，这很可能伤了别人也伤了自己，有损自己的人际关系。

反逻辑说服，才更有说服力

生活中，我们想要说服他人，总是采用正向逻辑，陈述自己的观点，说明自己如何正确，或是指出对方如何错，证据很充足，理由也很充分。可是不知道你有没有发现，你越是表明自己的正确，越无法说服对方；越是强迫对方接受自己的观点，效果越不理想。

因为人是固执的，很容易认“死理”。人也有逆反心理，在争辩时，就算知道错了，也不愿意承认自己错了。这时候，你再摆事实、讲道理，反而会激怒他。也就是说，如果你说服不了他人，就不要再费心了。采用逆思维，运用反逻辑说服，效果反而更好。

很久之前，费城举行宪法会议，赞成派和反对派展开了非常激烈的讨论，谁也说服不了谁，会议中充满火药味。这种互不信任的气氛持续蔓延，只要有人提出观点，就会引起众人的反对，甚至还会发生激烈争吵、人身攻击。

这时候，富兰克林站了出来。虽然他持有赞成意见，但是仍不慌不乱地说：“事实上，我对这个宪法也并非完全赞成。”这话一出，所有反对派都震惊地看着他，不明白他为何说出这话，因为他们知道他属于赞成派。

富兰克林停了一会儿，继续说：“对于这个宪法，我并没有信心。各位代表也许对于细则有些异议，说实话，我此时也和你们一样，对于这个宪法是否正确抱有怀疑的态度，我就是在这种心境下来签署宪法的……”

听了这些话，反对派反而冷静下来，开始思考富兰克林这一番话的深层含义。最后，他们决定让时间来验证它是否正确。就这样，富兰克林说服了他们，宪法终于通过了。

对于一件事，你一味地强调好的一面，一味地让对方相信你，反而让对方对你所说的存在怀疑心理。事实上，人的潜意识里总是存在这种“别扭心态”，所以你不妨利用这种心态，采取以退为进的反逻辑说服方式，反而让对手愿意倾听，不再抗拒和怀疑。这一步实现了，说服就变得容易多了。

说服他人很难，因为每个人都有自己的主张和想法，容易把自己放在正确者的位置上。说服他人也不难，只要我们能站在他人的角度思考，找到对方的“穴位”，或是让对方感受到自己的真诚，就会比较容易地获得成功。

就好比商家为了说服客户购买商品，往往会自卖自夸，说自己的商品质量是最好的，物美价廉，耐用，恨不得把所有的优点都展示出来，很少有商家说其缺点，说自己的商品有这样那样的瑕疵——即便它真的有。然而，所有的商家都如此，客户早已免疫，对这样的推销并不买账，甚至抱有怀疑态度。

可是如果能换个思路，用反逻辑说服——坦诚商品的一些瑕疵或缺点，结果或许就不一样了。商老师到商场买钢笔，准备作为奖品奖励给学生。当他挑选了一款钢笔时，售货员笑着说：“您的眼光不错，这款钢笔质量非常不错，且显有档次。不过我需要提醒您一下，它的笔胆储存墨水量比较少，不适合学生们考试使用。”

商老师纳闷地说：“人家都是一个劲地夸自己的商品，你怎么告知我它的缺点呢？”

售货员笑着说：“我们就是想让客户了解商品的优点，也明白它的缺点，这样才能正确地使用，避免不必要的麻烦。如果我只说优点、不说缺点，您就会认为我们的商品是完美的，一旦使用时发现它有缺点，就会对我和我们的商品失望，进而不再信任。”

这一番话真正打动了商老师，更加坚定地买了这款钢笔。

反逻辑，就是逆向思维，让思维朝着对立面的方向发展。与正向逻辑相比，反逻辑看似不合道理，或是比较费时费力，实际上因为它是对常规的一种挑战，反而有出其不意的效果。做事是如此，说话也是这样。所以，我们需要学会反逻辑说服，突破逻辑限制，改变他人的态度。态度改变了，我们的目的自然就更容易达到了。

换位，才是沟通无障碍的前提

与别人沟通时，你认为自己的沟通是有效的，明确、有逻辑地说清了自己的意思，可事实上，对方并不理解，甚至还会产生误会。有些时候，你认为自己说得头头是道、有理有据，对方一定能认可自己的观点，或是理解自己的苦衷，可事实上，对方根本不认可、不理解，还会与你争吵起来。

问题出在哪里？它就出在沟通上，是因为你在沟通时没有做到换位思考，不了解对方，也没能明白对方想要什么、能理解什么。

每个人的认知不同，理解问题的能力不同，思维方法也不同。这造成你认可的东西，对方并未认可，你理解的东西对方并未理解，你的思维很跳跃，对方却跟不上……沟通时，你只从自己出发，不替别人着想，就产生了沟通障碍。

李涛经营着一家游戏机店，因为自己也喜欢玩游戏，所以他把兴趣和生意融合了起来。他的店不算太大，但是客户不少，有年轻人，也有成家的中年人，还有大学生。李涛知道不同的客户有不同的沟通方式，也知道不同年龄的客户有不同的需求和购买欲望，所以生意很红火，回头客不少。

一天，店里来了两个年轻人。一个小伙儿带着女朋友，想要购买一款新出的游戏机。李涛立即从柜台上拿了下来，说："就知道你们年轻人喜欢这个，我这里就剩两款了，你今天可要拿走，否则之后想买也难买到了。”

年轻人非常兴奋地接过游戏机，但还是小心翼翼地看了一眼身边的女友，然后问：“老板，多少钱？”

李涛说：“2500元。”

年轻人迟疑了一下，说：“这有点儿贵了。”

李涛本能地说：“这在游戏机里不算贵了，要知道，进口的品牌游戏机大多三四千元，还有上万的。这款游戏机价格不算贵，但是性能非常好，里面有很多款你们年轻人喜欢的游戏。你可不要错过这个机会呀！”

年轻人看了看女友，说：“可是，普通的机型也就一两千吧。”

李涛说：“那是国产的，这可是进口的……”李涛还想说什么，年轻人便犹豫着说：“还是算了吧。”随后便离开了。

李涛很是纳闷，心想：这款游戏机不贵呀！年轻人都爱玩游戏，而且不在乎价格，这个年轻人怎么如此反常呢？这是什么原因呢？其实，李涛犯了一个错误，他只是按照自己的理解和以往的经验来思考问题，没有站在年轻人的角度来思考，所以才没有成交。

如果李涛换位思考一下，想一想年轻人是不是碍于女友在场，不敢买这么贵的游戏机，或是经济条件不允许，买不起这么贵的游戏机，或是还有其他原因，然后及时推荐其他款式，转化一下话术，结果就会不一样了。

每个人说话做事都有一定的目的，有特定的原因和前提。想要沟通无障碍，就需要从别人的角度出发，思考他的目的是什么、原因是什么，考虑他如何看待这件事，对这个问题有怎样的判断，同时还需要了解对方的个性、身份、说话习惯、喜好、心理特征等。只有站在对方的角度沟通，才是有效的沟通。

我们说，沟通就是让对方理解你的话、赞同你的话，就是消除隔阂，达成一致。如果能做到换位思考，你说了90%或100%，对方可能理解和赞同80%；如果不能做到换位思考，恐怕对方只能理解30%，甚至更少。

所以，你的思维不要被限制在所熟悉的认知里，不要以现有的认知角度去思考问题，跳出认识框架，从更高的位置看问题，才能改变思维方式，形成有效的换位思考，进而进行有效的沟通。

当然，换位只是一种通用的方式，不能解决所有的问题。当出现特殊情况，用换位思考无法解决问题时，我们就需要再转换思维，想办法让沟通变得顺畅。

利己的同时要利人

我们来做一个测试：

冬天，天寒地冻，大雪阻碍了交通。你和很多乘客被滞留在火车上，又冷又饿，前方的道路还不知道何时能被疏通，车长许诺的物资也不知道何时能到。这时候，一个五六岁小女孩饿得直哭，而你的包里还有两根香肠、一桶方便面，你会如何选择？

如果你选择分给女孩一根香肠，或是一些方便面，你就是利他主义者，能顾及别人。

如果你选择沉默，并且在心中想：“现在我自身都难保，哪还顾得上你呀！再说，我分给你了，再来一个小孩或是老人，我该怎么办？就剩这点食物了，我还是留给自己吧。”这说明你是利己主义者。

每个人都有利己思想，个性中都有自私的成分，遇到陌生人落难，想法是“事不关己，高高挂起”。这本正常，但是如果你太“独”了，只想着自己，丝毫不顾及别人，就令人担忧了。即便你做不到无私，最起码也不能太利己，丝毫没有同情心，一点儿都不愿意助人，不然这个世界将会变成怎样呢？

反过来想一想，生活中，谁不会遇到困难？谁不需要他人为自己着想呢？如果你一直想着自己，做事不考虑任何人的感受，只要自己舒服、利益不受损就行，当你遇到难题的时候还会有人帮你吗？还有人为你着想吗？这样的人注定不受欢迎，在职场上也很难有好的发展。

小微是一个精致的利己主义者，她不太关心别人的事，关心的永远都是和自己有关的，或是对自己有益的，或是能凸显自己“能力”的。这其实很正常，每个人都有这样的思维，倾向于利己。但是当朋友说一些话题，或是分享一些事时，她时常表现出“我为什么要听这个和我没任何关系的事”，不一会儿，她便把话题转换了，说自己的事，而且完全没了之前的索然，简直就是眉飞色舞。

小微很会趋利避害，用到别人的时候就笑脸相迎、语气温柔，还会给一些好处。但是别人需要她时，她则一脸不耐烦，找借口推托。朋友面对一个棘手的事情，她总是装作不知道，不会主动关心和帮忙。

小微只看重自己的利益，不懂得分享。一个朋友A在一家不错的公司做HR（人力资源管理），该公司有好几个职位空缺，恰好小微和朋友B想换工作，而且符合其中两个职位的要求。朋友A知道小微和朋友B关系好且一起租房，便把这个消息告诉她，让她转告给朋友B。然而，小微并没有把这个消息转告给朋友B，而是自己一个人去面试了，还谎称朋友B不感兴趣。当然，纸是包不住火的，朋友B很快知道了这件事，两人的关系也淡了起来。

因为她“精致利己”，从来不考虑别人，所以周围人不再与她走得太近；因为她不善合作与分享，同事并不喜欢她，她也把周围的人都得罪光了，升职加薪再也与她无缘。这样的人常常自以为聪明，殊不知，这些“聪明”的行为才是愚蠢的，只是在断自己的后路罢了。

说实话，小微这种人内心是自私、阴暗的，见不得别人好，也见不得别人比自己成功。如果朋友、同事或是家人比她优秀，比她过得好，她一定会心生嫉妒。

人最怕的就是没有共鸣，考虑自己太多，只在乎自己。所以，你要是聪明的话，不妨转换思维和想法，把利己思维转变为利他思维，就算做不到完全利他、无私地为他人考虑，也应在不伤害他人的情况下为自己谋利。你可以自私一些，做事的时候为自己着想，但是千万不要太自私，完全不把别人放在心中。利己的同时也要利人，才能有好的人际关系，获得幸福的生活和成功的事业。

从自身角度转换到对方角度

假如能换个角度看待一个问题，我们的思维就上了一个层次。树上的苹果太高，但是借助梯子就可以摘到；手里的剑太短，但是向前一步就会变长。思维可以转弯，转弯之后就可以有收获。

同样的道理，从不同的角度来看一件事、说一件事，结果就会不一样。从自身角度出发，想到的是自己，做的、说的都只顾及自己的感受，也会引导事情朝着有利于自己的趋势发展，结果越努力，反而越让他人反感，达不到好的效果。但是从对方的角度出发，让对方觉得我们是顾及他的感受、重视他的感受，往往事半功倍。

有一名歌手，人美歌甜，受到很多人的喜欢和追捧，刚刚出道没有多长时间就发了唱片、开了演唱会。每次登上舞台时，她都会和歌迷们打招呼："大家好，我来了！我会给大家带来动听的歌声。"因为热情、大方，歌手的演唱会场面非常火爆。

可是，慢慢地，歌手的热度降了下来，喜欢她的粉丝也变少了。经过一番努力，歌手拿到再次开演唱会的机会。虽然歌迷比之前少了很多，会场上还有许多空座位，但是歌手万分高兴，也感谢粉丝的支持。登台之后，她真诚地说："谢谢大家，你们来了！接下来，请享受音乐时光吧！"后来，每次登台表演，歌手都不再说"我来了！"而是说："谢谢你们来了！"很快，她又赢得无数人的支持，粉丝比之前还要多，再次赢得事业的辉煌。

为什么？因为歌手转变了。之前上台就说“我来了”，后来变成“谢谢你们来了”。这个简单的变化，却反映出她思维和心态的变化。她懂得了换位思考，从自身的角度转变到观众的角度，不再突出自己，而是突出观众，所以更能让观众感受到歌手对自己的尊重，以及自己的重要性。一句“我唱歌给你们听”“请享受音乐”，主体发生了变化，侧重点不同，也让观众有了不同的感受。

换位思维，是我们人际交往中非常重要的。因为人都是以自我为中心的，习惯从自我角度做事、说话，但是这不利于社交的成功，更不利于赢得他们的喜欢和尊重。说白了，换位思维就是需要我们从自我的世界跳出来，观察自己，观察他人，观察这个世界，思考他人眼中的世界是什么样子，他最喜欢什么，他如何看待这件事；思考如何角色互换，我是他的话该怎么办……

一个妻子正在做饭，丈夫在一旁指指点点，说“你应该放白醋，不应该放陈醋”“你这个火候有点小，应该再大火烧一会儿”“哎呀！你怎么这样翻炒……”不一会儿，妻子就恼了，大声地说道：“你怎么这么烦！我知道怎么做饭，不用你指指点点！”

丈夫笑着说：“是的，我只是让你明白：我知道怎么开车，我开车的时候，你不应该在一旁大呼小叫、指指点点！”妻子听了这话，哑口无言。

这是个笑话，但也说明很多人不会换位思考的道理。因为他总是从自身角度出发，所以做错事也不知道。用一个形象的比喻，换位就是坐在别人的椅子上观察人和事，用别人的大脑去看人和事，理解别人的用意，感受别人的感受，然后解决自己的问题，或是赢得对方的支持和信任。

别以为这很难做到。再比如，下棋的时候只看自己的棋子，思考自己如何进攻，就会落入别人的陷阱，糊里糊涂被别人围死。但是看自己棋子的同时，也关注对方的棋子，看清楚对方如何进攻、如何布局，甚至看清楚对方的用意，就可以看清整个棋局，然后大获全胜。

其实，换位思维不仅仅是一种思维，还是一种心胸和智慧，可以让我们变得更强大。具有换位思维的人，心中不只有自己，还可以装下很多人。因为能从他人角度思考，也可以给自己带来更多的想象，进而从不同角度找到解决问题的方法。

第四章 <<<

与成功的最短距离，未必是直线

数学上有两个概念：一个是最短距离，另一个是最速曲线。科学家经过研究得出结论：两点间最短的距离是直线，但是最快的路线却是一段曲线。同样，与成功的最短距离很多时候并不是直线，这需要我们学会变通，寻找出那段“最速曲线”。

通往成功的路，从来不会是直线

两点成一线，这一线可能是直线，也可能是曲线。从度量的角度来说，直线的距离最短，我们需要努力让自己走直线。但是，把一点看作起点，另一点看作要实现的目标或追求的梦想呢？是否直线最短呢？其实，未必。因为做什么事情并不是越简单越好，也不是越快越好。

通往成功的路，从来都不是直线。就好比我们要到达山顶，如果修一条直达山顶的路，距离是最短的，然而行驶过程却是异常艰难，不是中途滑下来，就是掉入深渊。若是修一条盘山公路，虽然需要曲折盘旋，多走一些路，但是行驶过程中却轻松许多，更容易到达山顶。

很多时候，曲线才是抵达成功的捷径。这虽然让我们拐了许多弯，多花了一些时间，有时甚至觉得离成功更远了，但是懂得绕道而行，不硬爬陡峭、艰险的山，不蹚湍急、深不可测的河，便不会反复失败，摔得头破血流，往往也会成为最容易成功的人。

莎士比亚小时候偶然看了一场戏剧，惊讶地发现几个演员在一个小小的舞台上竟然演出一幕幕精彩绝伦的戏剧来。于是，他暗下决心：要成为一名戏剧家，让所有人都看到自己写的伟大戏剧。

但是，在当时的英国，戏剧工作是一个高级职业，只有受过高等教育的人才能成为剧作家。莎士比亚家境中落，早早就辍了学，没有读过多少书，更没有接受过高等教育。这意味着他想要成为一名戏剧家，简直比登天还难。

莎士比亚没有放弃，而是从侧面接触戏剧。他在剧场找到了一个服务员的工作，每天站在戏院门口为那些看戏的绅士服务。不过，等到表演开始后，他就悄悄地从门缝或小洞里看戏台上的演出，回到家后还模仿人物台词和戏剧情节。虽然每天工作很辛苦，但莎士比亚仍利用空闲时间翻看文学、历史等方面的书籍，自修希腊文和拉丁文，积累了不少戏剧知识。

后来，他成为剧团的临时演员，这让他非常兴奋，因为自己离梦想又近了一步。再后来，他凭借精湛的演技和出色的理解力得到观众的肯定与喜欢，也成为剧团的正式演员。

为了提升演技和丰富阅历，他经常深入下层社会，观察那些流浪汉、江湖艺人和乞丐，了解他们的经历，与他们谈心，体会他们的情感。同时，他还阅读大量书籍，了解各国历史文化、风俗习惯，并且尝试着写剧本。

27岁那年，莎士比亚写了历史剧《亨利六世》。剧本一被搬上舞台，就引起戏剧界的注意和肯定。之后，他又写了《罗密欧与朱丽叶》，就是这个凄美的爱情故事，让他成为伦敦乃至英国都炙手可热的戏剧家。后来，莎士比亚的戏剧在英国巡回演出，剧团受到王公大臣的庇护，其剧本也蜚声社会各界。

莎士比亚渴望成为一名戏剧家，当时他没有背景、没有文化，即便再努力，恐怕成功的希望也是渺茫。这时候，他没有直奔目标，而是先在剧场做服务员，之后争取当上临时演员，又通过努力学习戏剧知识来提升自己，最后完成了自己的梦想——成为一名伟大的戏剧家。

所以，在人生的道路上，直线并不是通往成功的最短距离。当我们不成功，或是在成功的道路上遇到障碍时，应该尝试着转换思维，可以绕行，可以爬墙，甚至可以走一条意料之外的曲线。只要让思维暂时离开直线轨道，迈出走直线的误区，我们便可以找到新的出路，还可能提前到达目的地。

任何事物的发展都不是一条直线，学一学水的智慧，遇到高山、峻岭、沟壑就转个弯，避开一道道障碍。通过迂回应变，到达既定目的地，就是成功！

要成功，先找到对的“风口”

一个人必须经过努力，才能获得成功。但是为什么很多人没日没夜地努力，却处处不如人，没有缩短与成功的距离呢？其实，有这样特征的人，可能是坚持的方向不对，也可能是努力的方式不对，还有就是运气不算好，单纯的量的叠加并没有带来质的变化。

我们面对的世界有很多不确定性，成功也需要努力、思维和运气的加持，找到对的“风口”，乘势而起，这样一来，努力就不是盲目的，同时还可以让我们“飞”起来。所以，雷军说了这样的话：“站在风口，猪也能飞起来。”

说白了，所谓的“风口”就是一个好的契机。直播带货，是一个好的“风口”，因为互联网电商已经发展到3.0时代，人们更倾向于采用社交电商这种新的商业模式。再加上疫情的影响，人们的出行受到限制，看直播打发时间、购物也成为一种新趋势。

于是，很多人抓住这个“风口”，尤其现在一些网络主播，更是率先抓住“风口”，实现鲤鱼跃龙门式的突破发展。来自山西的小韩原本是一名导购员，积累了丰富的销售经验，后因为其专业和口才脱颖而出，成为一名主播。一开始做主播，他也是摸不着门道，不知道如何展现产品、与客户沟通，直播效果并不好，还受到很多冷言冷语。但是他明白，既然自己得到了这个机会，就需要付出更多的努力。于是，他每天都坚持直播8小时，发现问题、解决问题，不断提升和完善自己。

就是凭借专业、努力，抓住“风口”的小韩获得了成功，成为淘宝直播主播中业绩最突出的一个。接下来，淘宝侧重扶持直播主播，小韩也开始借势而为，在其他平台上开播，实现矩形阵势发展。

小韩成功的背后，是因为他的坚持和努力，也是他的实力与运气。但是，比起努力、实力和运气，更重要的是他找对了“风口”，乘着“风”前行，所以才能随风而起，扶摇直上。不仅仅是小韩，直播带货这个“风口”给很多人带来了机遇，让其成功概率更大。

所以，努力之前，要先找对“风口”。这需要我们有敏锐的思维，有敢于挑战未知的勇气，更有快速行动的习惯。同时，需要我们学会跳出认知的局限，能站在未来和全局的角度思考问题，在纷繁复杂的环境中及时准确地预见发展趋势，看到这个世界、整个市场的变化，然后捕捉到先机。

当然，找到“风口”前，我们需要做好准备，而不是一味地等待，否则就算让你找到了，恐怕也飞不起来；看到对的“风口”，就不要左右徘徊、犹豫不决，否则只能看着他人成功，而自己成为“悔不当初”的那一个。找对了“风口”，然后冷静地抓住它，坚定地去努力，才可以飞得更高、更远。

绕个圈子，轻松绕过那枚钉子

人们在面对生活难题的时候，会有三种态度：照直走、掉头走、绕着走。这里的照直走，是不顾一切地闯过去，不做他想，不顾后果；掉头走，则是彻底放弃，不再尝试和努力；而绕着走，则是想办法迂回，绕个圈子，通过其他方式来解决难题。

事实证明，难题犹如难以拔出的钉子，在使得我们无法继续前进时，选择绕着走才是上策。绕个圈子，不是放弃和退缩，而是用“圆”的思维取代“直”的思维，是为减少前进的阻力，实现最终的目的。

我们行走在通往成功的道路上，就像舟行于江河，处处会有风浪、有阻力，还可能遇到高山、沟壑的阻拦。如果只顾着前进，横冲直撞，恐怕拼尽全力也无法到达目的地，反而还会伤痕累累。与其这样，为什么不转换思维，绕个圈子，绕过那枚钉子呢？为什么不用“圆”的方法，积极想办法排除一切困难？这样一来，通向成功的路上不就少了一些钉子和阻力吗？

一个杂志编辑向一名知名作家约稿，而这个作家是出名的“难搞”，脾气怪，不好沟通。之前这个编辑多次拜访，提出约稿要求，都被作家毫不犹豫地拒绝了。这一次，编辑再次拜访作家，和之前一样，他们的交谈并不顺利。作家态度非常冷淡，并不打算给编辑说话的机会。

可是，编辑知道自己不能空手而回，因为总编辑下了死命令：这一次，你必须搞定这个作家。因为读者非常喜欢这个作家的作品，如果约不到稿，恐怕会影响杂志销量。

怎么办呢?

编辑决定先绕过“约稿”这个钉子，从作家最近发表的一篇文章说起。他对作家说：“××老师，您之前发表的一篇文章我觉得见解非常独特，听说还被刊载在美国的一本杂志上，真是恭喜您了。”

作家的态度有所转变，谈起写这篇文章的一些感想，于是编辑趁热打铁，和他聊起文章所使用的文体。作家来了兴趣，开始滔滔不绝地讲起来……结果我们已经知道，编辑成功约到了稿，还让作家愿意与杂志社达成长期合作。

所以，说话做事如果碰到各种钉子，这时候不能“直肠子”，想办法绕个圈子，绕过那枚钉子，就不会碰钉子。这个编辑是聪明人，当与作家的交谈不顺利时改变了话题，开始谈作家的成绩、自豪的事情，所以才让他改变了态度，达到了自己的目的。

不管做什么事情，我们没有必要太“直”；如果有人不好接近，那就换个方式去接近；如果有些话不好说，那就学会“拐弯抹角”；如果有的难题不好解决，那就绕个弯，不必任何时候都非要“直行”。

再来看这个故事。

明朝有一个叫严养斋的人，曾经当过吏部尚书，后来又成为宰相。他准备盖一座大宅子，所有的准备都做好了，却发现一间民宅正好在自己定下的范围之内。如果绕过这个民宅，宅子就不方正了，整体建筑也达不到预期效果。

于是，严养斋便让下人和房主商谈，说可以高价买下他的房子，但是房主并不同意，因为这是他祖辈传下来的宅子，虽然破旧，却是一家人的精神寄托。而且，他也靠这个宅子卖酒和豆腐，维持一家人的生计。

严养斋知道后，并不生气，反而让工人先破土动工，营建其他三面院墙。他没有让下人找房主麻烦，反而让工人每天都去那里买酒和豆腐。店铺比较小，人手不够，根本供应不了那么多酒和豆腐，所以房主只能招募工人来帮忙。

因为生意越来越好，工人也越来越多，之前的酿酒和做豆腐的工具、粮食越来越多，小小的屋子都堆满了，家人连落脚的地方都没有了。同时，房主也知道，自己之所以生意变好，也是因为严养斋不计前嫌，招呼下人照顾自己的生意。于是，心怀愧疚的房主主动找到严养斋，表示自己愿意出让宅子。严养斋非常高兴，还用附近一处新建的、更宽绰的宅子和他们调换。就这样，严养斋的目的达到了，店主一家人的日子也过得越来越好。

很多时候，我们解决问题往往会采取“直”思维，这样能迅速、及时地达到目的。但是当遇到难题或是碰到钉子时，就需要变换一下思路，不能一味相信直截了当的方式。事实上，绕个圈子，看似比较复杂、麻烦，但效果是最好的。

所以，我们要学会“绕”，只要聪明地绕个圈子，就可以避免碰钉子，轻松解决难题，获得成功。

会变通，才能够避免被困住

仙人掌为了适应沙漠，于是把叶子退化成刺。这是明智的选择，我们也应该学习和效仿。遇到难题，正面去解决，屡屡碰壁，反而让自己陷入困境。这时候，便不要再用同样的思维和方式，而是尝试着变通一下。

就好像我们遇到死胡同，就别一条道跑到黑，蹲在胡同里等死。没有别的路可走的时候，至少可以原路退回，重选个方向换条路再走下去。每个人都应该明白：不管做什么事情，一根筋，认死理，就会弄巧成拙，得不到好的结果。

可惜的是，有很多人不善于变通，让思维走进死胡同，即便有多种选择，依然坚守自己认为对的东西；即便机会就在身边，却视而不见，固执地寻找“更好的机会”。

一个富翁胳膊上生了毒疮，家人都说这不是什么大事，找个大夫割掉它，再上点草药就能治好。可是富翁并不赞同，坚持认为身体是自己的，生毒疮是一件大事，若是不能找到最好的大夫，留下后遗症就坏事了。

他坚持请最好的大夫来给自己看病。家人找来村里的大夫，富翁却嫌弃他没有学识，只是个土郎中。家人又找来县里的大夫，富翁又嫌弃对方年纪大，手脚不灵活。日子一天一天过去了，找了一个又一个大夫，富翁始终认为所找的大夫不是最好的，非要坚持找到最好的。结果，毒疮恶化了，富翁的整个胳膊都抬不起来，身体状况也持续恶化，病得起不来床。

后来，家人请来神医华佗。华佗查看富翁的毒疮之后连连摇头，说："这种疮并不难治，刚长出来的时候割掉，再上一个月药，就会痊愈。为什么拖得这样严重呢？现在想要治好它，恐怕要三年时间。哎！之前给你治病的大夫真的是个饭桶！"

其实，富翁才是饭桶。他生了毒疮，非要找最好的大夫来医治，对家人找来的大夫挑三拣四，任由毒疮继续生长，结果反而害了自己。生病，找最好的大夫医治，这是可以理解的。但是明明知道这是个小病，普通的大夫就可以治愈，他依旧认死理，不变通，真的是愚蠢至极。

很多时候，我们想要成功，做事想要获得一个结果，但是太较真，就会让自己的思维僵化，反而无法获得最好的结果，会因为太死板而适得其反。任何事情的发展都不只是一条直线，任何问题的解决都不只有一种方法，所以我们需要让头脑灵活一些，让思维转换一下。思维变了，机会就多了，做起事来才会事半功倍。

再来看这个故事。

一名商人告诉儿子："我已经看好一个女孩，你要娶她为妻。"儿子非常不满，说："要娶谁为妻，是我的事情，应该由我决定。"

商人说："这个女孩是比尔·盖茨的女儿。"儿子很快就同意了。

一次聚会中，商人找到比尔·盖茨，说："我能为你的女儿找到一个好丈夫！"比尔·盖茨说："我的女儿还没有想嫁人，而且她的婚姻应该由她决定。"商人笑着说："可是，这个年轻人是世界银行的副总裁哟！”听了这话，比尔·盖茨同意了。

随后，商人又去见世界银行的总裁，说：“我想向你推荐一个年轻人来做副总裁。”总裁委婉地拒绝，说：“我们已经有很多位副总裁了。”商人说：“但他是比尔·盖茨的女婿。”最后，商人的儿子娶了比尔·盖茨的女儿，也当上了世界银行的副总裁。

这是个杜撰的故事，你可以把它当成一个笑话。但是这却告诉我们：变通就可以破局，破局就可以得到意想不到的结果。天下的事，没有一定的方法，成功也可以殊途同归。善于变通，不拘泥，不死板，就不会被困住。

路到了尽头，就该转弯

我们所走的路，不可能条条都是平坦的，也不可能条条都通往成功，总有走不通的路、绕不过的障碍。当发现路已经到了尽头，或是走不通，不如转个弯，改变一下方向。古人讲："穷则变，变则通，通则达。"路到了尽头，不要紧，不要固执地盲目坚持，不要纠结太久，而是要学会转弯。适时转弯，之后就有机会"柳暗花明"。

克利斯朵夫·利瓦伊曾是一位非常出色的演员，得到无数观众的喜爱，所以他很享受在舞台的感觉，也以自己是一名演员而自豪。然而，在一次马术比赛中，他意外坠落，不幸高位截瘫，只能坐在轮椅上移动，再也无法站在舞台上表演。

克利斯朵夫·利瓦伊的生命好像枯萎了一般，没有一点儿生气。他非常伤心和难过，开始自暴自弃，甚至失去活下去的欲望。虽然家人和朋友都鼓励他，但是一想到自己再也没有办法从事表演工作，他的内心就万分悲伤，不能控制住自己的情绪。

家人带着克利斯朵夫·利瓦伊外出散心，汽车在乡间小路上行驶，家人们谈论着美丽景色。克利斯朵夫·利瓦伊一点儿兴趣都没有，目光呆滞地望着窗外。突然，他发现前方出现一座大山挡住去路，似乎路已经到了尽头。可是等汽车行驶到山脚时，路边出现一块"前方转弯"的指示牌，等到转弯之后，路变得开阔起来。又过了一会儿，又一座山挡住去路，等到汽车行驶到山脚时，“前方转弯”几个大字又一次映入他的眼帘。

看着“前方转弯”几个大字，克利斯朵夫·利瓦伊突然明白了：原来，不是路已到尽头，而是该转弯了。既然路到了尽头可以转弯，我为什么不可以转弯呢？从这之后，克利斯朵夫·利瓦伊开始振作起来，不再哀叹命运的不公，也不再自暴自弃。他开始用轮椅代步，尝试着做导演，执导自己的第一部影片。

行动不便，让他需要付出更多的努力，但是因为深爱这个行业，他丝毫不在意，反而乐在其中。后来，努力和付出获得了回报，他第一次执导的影片就获得了金球奖，他也从一名出色的演员转变成一名优秀的导演。他还坚持用牙咬着笔创作，完成人生的第一本书《依然是我》。

转弯，看似逃避，其实也是一种前进。很多人之所以不成功，就是因为思维太单一、较真，不懂变通，明知道前方是死胡同，依旧撞了南墙也不回头；明知前方路已经到了尽头，依旧不转弯，结果轻则头破血流，重则落入悬崖。

我们说，一个人如果眼光不好，缺乏智慧，很容易走弯路。但是一个人如果不理智，不懂得转换思维，就容易走上绝路。所以，关键是转换思维，路不通了，必须要转弯，而不是傻傻地撞上去，或是停滞不前。

很多时候，路在脚下，也在心中。一个睿智的人，往往不会纠结于走不通的路，而是懂得适时拐弯。杰出的语言文字学家周有光就是这样的人。周先生在105岁高龄时曾经接受记者采访，被问起长寿的秘诀时，他说：“凡事要想得开，要往前看。”记者开玩笑地说：“要是还想不开呢？该怎么办？”周先生笑着说：“拐个弯，不就想开了嘛！”“拐个弯，坏事就变成了好事。”

所以，感觉已经走到尽头，前方已是高山或深渊，不妨转过头看看，看看旁边是不是有弯路。如果有，就及时转弯；就算没有，回头也未必不可。在该转弯的时候转弯，或许之后就是更开阔的路，风景更加旖旎。

这个世界不是非黑即白，在一条路上，我们没有必要走到尽头也不回头。走到路的尽头，我们就要及时转弯或回头，不畏惧，不犹豫，才会得到意想不到的答案。

执着与变通，其实可以同行

很多时候，我们需要执着，坚持做一件事，追求自己的理想。有了执着，才会突破前进路上的障碍，获得成功。不过，执着不等于固执、偏执，执着过了头，就会成为固执和偏执，让事情走到相反的方向。

你使出吃奶的劲儿拧一颗螺丝，于是便想我已经使了很大的劲儿，再加大一些就可能成功。实际上，你拧反了，使的所有的劲儿只是让螺丝越来越紧，所有的执着是在延续错误。拧不开螺丝，不是因为你的力气不够大，也不是因为你没有坚持，而是因为你不懂变通。如果在拧不开时不放弃，但逆转一下思维，尝试着反向拧一下，可能没几下就轻松拧开了。

不管做什么事情，我们需要执着，但也要善于变通。不要认为执着和变通是矛盾的，不可同行。恰恰相反，执着是总的方向，变通是适时的应变，让两者同行，才不至于被困住脚步和偏离方向。就好像河流，它执着地奔向大海，同时也会绕过高山、沟壑，才会奔流入海。

执着与变通可以同行，有时我们尝试着变通或是做出妥协，只是为了坚持追求目标。因为不变通，原本的计划就无法进行下去，不改变方向便无法找到出路。

美国康奈尔大学的威克教授做过一个实验：他把几只蜜蜂放进一个平放的玻璃瓶，瓶底处放置一个灯源。蜜蜂向着光飞，但不断碰壁，可是它们很执着，始终没有放弃，结果都留在了瓶底，一只都没有飞出去。随后，他又把苍蝇放进去，苍蝇也向着光飞，但是碰壁之后，它们便不再执着，而是开始乱飞，向上、向下、向左，向右。最后，所有的苍蝇都飞出了玻璃瓶，向着灯源飞去。

蜜蜂与苍蝇，目的相同——向着光飞，且都很执着，但是结果却不同。很简单，蜜蜂太执着了，苍蝇却懂得在途中变通。只是一个小小的改变，结果就变了。所以，为了实现目标，获得成功，我们需要执着，也需要灵活变通。

之前有一位年轻的设计师，他非常幸运地承担了英国温泽市政府大厅的设计任务，并拿出了一个完美的设计方案，很快就指导人们完成了这个设计。然而，当验收人员发现只有一根柱子支撑整个大厅时，他们对设计方案提出质疑，要求他必须增加几根柱子。

尽管设计师说这根本没有问题，并且详细地讲述了设计原理，但是验收人员依旧坚持自己的意见，甚至说如果他不改进设计方案，就把他送上法庭。最后，设计师妥协了，在大厅的四角又增加了4根柱子。

然而，100年之后，人们惊喜地发现：增加的4根柱子根本没有与天花板接触。这位年轻的设计师坚守了自己的立场，执着地不修改自己的设计，但同时进行了灵活的变通，巧妙地增加了不起支撑作用的4根柱子，让建筑通过验收。这就是执着与变通的完美结合。

执着与变通并不矛盾，它们可以同行。只要我们让大脑“活”起来，执着到“山穷水尽”的时候，就要适时变通；当陷入迷茫，有放弃努力的念头时，就再多一些坚持。执着加变通，成功就在眼前。

先抓住最近的目标

面临选择的时候，我们通常会选择直通最后成功的那条路，选择实现远大的目标。这看似没有问题，但它只是理想状态下的结果。要知道，做成一件事不容易，实现远大的目标也不轻松，过程中会有很多曲折和艰难，也会由于种种原因而失败。

这个时候，是放弃还是继续？不同的人自然有不同的选择，不过聪明的人往往选择不急于求成，反而从最近的目标抓起。先实现最近的目标，然后一步步前进，最后迈向成功。事实上，这就摆脱了直线思维，转换为曲线思维，虽然过程曲折了些，但结果却是好的；虽然可能有些损失，但是终归利大于弊。

某个城市正在举行消防培训，培训中有这样一个游戏：在一个“博物馆”里，摆放着许多珍贵的文物，如宝石、古玩、字画等。突然“博物馆”着火了，参加者需要从火海中抢运文物，谁救出的文物最多，谁就是胜利者。

“大火烧起来了。”第一名参与者闯进“火海”，身手敏捷地冲向最里面的珍藏室，意图很明显，就是抢运出最珍贵的文物。可是他刚返回，时间就到了，“博物馆”大门坍塌，这个人“葬身火海”。第二名，第三名，第四名……几乎所有参加者都是如此。

这时，一个50多岁的男人站了出来，说要尝试一下。当消防员的哨声一响，男人就冲了进去，抱起门口的文物就往外闯。几个来回后，男人抢运出七八件文物，自己也安全逃出火海。

虽然男人抢救出的文物数量比较多，但其价值都不是最高的。在场的一些人议论纷纷，说他为什么不冲向最里面，抢运最昂贵的文物。男人说出实情：原来他之前在博物馆工作，可是几年前的一场大火让绝大部分文物化为灰烬。男人悲痛地说："那一次，我与所有人一样都想抢运出最宝贵的文物，我冲向了最里面……结果，老馆长却在抢救离门口最近的，还救出了我。我真的很后悔，要是我也能和老馆长一样，说不定可以救出更多的文物……"

其实，男人的遗憾不也是我们的遗憾吗？我们总是追求最大目标，却忽视了现实。事实上，当那些目标遥不可及的时候，或是需要付出惨痛的代价时，我们就需要改变直线思维了。转换一下思路，抓住最近的目标，获得真正的成功，然后再一步步向着远大目标靠近，这看似糟糕，实际上已经是最好的结果了。

换句话说，抓住最近的目标，才是最好的选择。因为太远或是太高的目标虽然看起来非常美好，并且是最好的，但是对我们来说却遥不可及。一心想要实现太高的目标，恐怕都无法抓住眼前的，最后一无所有。我们不是要彻底放弃远大目标，而是不急于求成，不强人所难。事实上，很多成功者有这样的思维。一位诺贝尔奖获得者曾经说："我的成功就在于我总是从最近的目标开始，因此才招招中的。通过实现一个个小目标，我才实现了自己的梦想。"

一名大学生有一个远大的目标：开一家公司，在行业内做出成绩，成就一番大事业。于是，大学期间，他便开始兼职，存钱，积累经验。但是开公司并不容易，再加上资金紧缺，他只能和其他毕业生一样挤入求职大军中。他觉得凭借自己的专业和能力，肯定能找到好工作，即便不是高级管理者，也是副经理、经理助理等职位。

但是，他投的简历如泥牛入海一般，即便有几个面试机会，也因缺乏工作经验而被拒之门外。他只好降低标准，找个普通职员的职位，结果没有一家大公司录用他。一晃几个月过去了，同学们都拿到了工资，干得非常起劲。他只好再次降低标准，到一家规模不大的公司做普通职员。一开始，他的工作很简单，协助同事做项目，平时还要负责打印文件、订外卖、送文件等杂活。

他感到异常失落，只能找朋友倾诉，说出自己的委屈，说自己“壮志难酬”。朋友对他说：“我知道你有远大理想，但是梦想要遥远的话，你现在是抓不住的。纠结于此，只怕是一无所有。我觉得最聪明的做法就是，抓住最近的目标，然后一步步向最遥远的梦想走近。”

朋友的话给了他很大的启发。之后，他认真工作，不断提升自己，很快就获得了上司和老板的青睐。后来，他一步步升为业务主管、业务经理，成为行业内的佼佼者。几年后，他选择辞职，开起自己的公司。因为他出色的能力和广阔的人脉资源，公司很快在业内站稳了脚跟。他成功了，成为事业有成的企业家。

很多年轻人会这样想：我要实现远大的理想，获得最大的成功。当别人劝他们不要好高骛远时，他们却自豪地说：“没有远大目标，如何取得大成绩？不想成功，怎么有激情？”殊不知这种思维最可怕，因为它忽略了目标的可行性，最终只能白白浪费时间和精力。

所以，不管什么时候，都要先抓住最近的目标，而不是遥望看似美丽却很难够到的目标。摆脱错误的思考方式，舍弃不切实际的想法，才能达成远大的目标。

说服不动，就来个反激将

说服他人时，我们通常会动之以情、晓之以理，让对方接受自己的观点。可是很多时候，这样的说服没有多少效果。于是，我们便开始利用一些贬低他人或是带有刺激性的话来刺激对方，激起对方的逆反心理或是不服输情绪。这样的逆向思维，真的可以操纵对方的情绪，从而获得不同寻常的效果。

可是激将法用得多了，被激的一方就会产生免疫力，说服效果也就大打折扣。另外，如果掌握不住说话的尺度，或是对方自尊心太强，采用“刺激”的方式会起到相反的作用，不仅不会说服他人，反而会惹怒对方，甚至引起敌对情绪。

比如，教育孩子时，孩子喜欢玩，不喜欢写作业，成绩一直不上不下。家长便用激将法，“你看看你们班××，人家学习多努力，这一次又考了第一名。人家那么优秀，你就不能向人家学习吗？”这种“刺激”方式，贬低了孩子，打击了他的自尊心和自信心，很可能让他滋生逆反心理：你越让我向他学，我越不向他学；你越喜欢别人家的孩子，我越不好好学习。还有一种可能，孩子会真的被打击，觉得自己真的不行，失去学习的欲望和信心。

就是说，激将是一种策略，但它不是对任何人都有效的“灵丹妙药”。对于一些骄傲和倔强的人，它很有效。但若是用的次数多了，或是下错了药，就会适得其反、弄巧成拙。所以，不妨让思维转个弯，反向使用激将法，把贬低转为赞美，把刺激变为鼓励，这样一来，既可以让对方产生由内而外的动力，又可以消除消极影响，说服不就更顺利了吗？

还是那个不爱学习、成绩不好的孩子，你不是利用他人来贬低他，而是夸赞他，对孩子说："你们班是不是有个叫××的孩子，在家长会上，他的父母抱怨他成绩一塌糊涂，几乎不写作业，上课还总顶撞老师，这一次考试竟然考了最后一名。哎，他的父母都愁死了。幸好你不是这样，虽然你有些贪玩，但是大部分时间能完成作业，而且数学成绩也有进步……"

这样的反激将，让孩子感觉到自己并不是那样"坏"，妈妈对自己还是肯定的。那么，为了不让父母失望，维护自己的形象，他就会做出改变，尝试去努力。这时候，如果父母能找到他身上的一些优点给予肯定和表扬，对于他的一些进步给予奖励，效果肯定会更好。

其实，反激将才是说服的正确打开方式。通过批评不好的做法，"贬低"其他人，赞美被"刺激"的对象，来激发他的自尊心和自豪感，那么为了维持这种形象和继续得到赞赏，他就会努力做出改变，你的说服目的也就达到了。

因此，当说服不动的时候，我们要逆向思考，来个激将法，使得说服发挥最好的效果。当激将不起作用的时候，或是对方自尊心过强、内心过于脆弱时，不妨再逆向思考一番，反向刺激，跳出思维的框架，如此一来就会"负负得正"，大大提升说服效果。

上山不行，就选择下海

一个人想要成功，需要理想、勇气和毅力，需要选择一条正确的路。然而，很多人具备前几项素质，却缺少了最关键的一点：不懂得舍弃，不懂得转换方向。

这些人在努力实现梦想，但是只知道直来直去，即便发现自己没有这方面的天赋，即便知道自己选择了不适合的路，依旧苦苦地拼杀。最后，他耗费了超出常人几倍的精力和时间，依旧没有什么收获，只能被绝望的思绪所困扰。

和其他女生不一样，曼曼很喜欢计算机，也立志成为最出色的程序员。于是，她考入重点大学计算机系，毕业后进入一家软件公司做程序员。但是，程序员的工作非常枯燥，而且女生的思维模式确实不适合这个岗位，这让曼曼倍感压力山大。压力越大，她越容易出错，再加上每天加班到晚上九十点钟，曼曼真的有些吃不消。

她时常向朋友抱怨："我现在真的很累，也怀疑自己是不是入错了行……"

朋友劝她换个工作，曼曼却说："我当初的梦想就是要做个程序员，现在依旧没有变，我怎么能轻易放弃呢？而且付出了那么多，如果现在换行，一切都需要从零做起，之前所有的努力不是白费了？"

曼曼不甘心放弃，也不相信自己永远是这样，于是时常鼓励自己：

“只要我继续努力，或许慢慢就好了。”然而，曼曼的境况并没有好转。随着新人的不断加入，她只能选择死扛。

最糟糕的事情不是这个世界本来就是弯曲的，而是我们执着地固守直线思维。其实，很多问题不是只有一种求解方法。通往成功的道路有很多条，有的适合你走，有的不适合你走。如果这一条不适合你，那就换一条：有的通过上山到达目的地，有的则需要下海到达目的地。如果上山不行，那就选择下海。换个方向，换条道路，便可能由失败走向成功。

很多聪明者善于求异，善于转变自己的思维和找到正确的路。日本钟表企业精工舍是世界手表行业中的佼佼者，销售量无人能及。它之所以能取得这样的成绩，是因为第三任总经理服部正次敢于转换思维，另寻他路。

我们知道，对于任何一家钟表企业来说，瑞士钟表都是自己超越的目标。服部正次也不例外。在上任初期，他就致力于在质量上赶超瑞士，打造出最优质的品牌。然而，他失败了，十多年的努力几乎付诸东流。

这时，服部正次才明白过来，与瑞士钟表比质量是行不通的，于是他迅速换了一个方向，带领精工舍走上一条新的道路——研发比机械表更好的新产品。虽然这条路并不好走，但是经过科研人员的刻苦钻研，他们在几年后成功了——研发出比机械表走时更准确的石英电子表。产品一经推出就受到消费者的欢迎，销售量节节飙升，精工舍也成为世界知名钟表行业的佼佼者。

上山不行，那就选择下海，为什么非要一条路走到黑呢？这是对人生最大的浪费，也是对自己最大的辜负。

所以，如果在一条路上无法取得突破、获得成功，不妨换一条路来走。人生并非只有一处辉煌，没有必要一味苦苦地支撑，浪费时间和精力。及时觉醒，重新定位，走另一条路，或许结果就不一样了。

第五章 <<<

以退为进，做一条反方向游的鱼

很多时候，人们不是只能前进，不能后退。前进，就是失败，就是掉入深渊，难道还要继续前进吗？当然不是。为了实现自己的目的，逆转一下思维，适当地后退、妥协，反而比前进更有效，那么为什么不退一步呢？

先潜下去，再漂亮地浮上来

非洲有一种毛尖草，长得非常高，但是它的成长过程非常特别。在最初的半年内，毛尖草长得非常缓慢，只有一寸高，几乎不怎么生长。但是雨水期一旦到来，毛尖草就会像被施了魔法一样，三五天就能长到两米多高，甚至更高。

为什么会有这样的现象？原来，在之前的半年，它不是不生长，而是一直在扎根、扎根。在雨季到来前，它的根已经扎到十几米深，最深超过28米。因为积蓄了无限的“力量”，所以一遇到雨水，它便可以疯狂地生长。

懂得积蓄力量的人，是距离成功最近的人。同样，机会也只会青睐善于等待和做好准备的人。倘若你没有积蓄好力量，没有足够的能力，这个时候即便机会来了，你又有什么资本能抓住并获得成功呢?

快速行动固然值得称赞，但是转过来想一想，那些失败者、陷于困境的人不也多是行动太快的人吗？因此，转换一下思维吧！当想做一件事时，不要着急行动，而是沉淀下来，给自己更多的时间去积蓄力量，这样才能“一飞冲天”。

同时，我们不仅要学会积蓄力量，还需要学会沉潜。当遇到挫折和困难的时候，我们不要被挫折和困难吓倒而轻易放弃，而要聪明地退后一步，先沉下去，等到积蓄好力量再漂亮地浮上来或是冲上去。

就好像企鹅从水中登岸的时候，它往往会猛地低下头，从海面扎入水中，潜下去，再潜下去，然后再摆动双脚，迅猛地往上一冲。因为潜得够深，承受的压力够大，积蓄的力量也够多，所以企鹅会像离弦之箭一样蹿出水面，最后远远地落到陆地上。

企鹅的沉潜给了我们很大的启示：沉潜得越深，承受的压力越大，积蓄的破水而出的力量就越大。所以，想要漂亮地做成一件事，需要学习企鹅利用“沉潜”来积蓄力量，而不是随意发力，或是明知道力不从心依旧强行去做。成功不是一天就能实现的，就好像赛场的奥运冠军也不是一下就能站在万人瞩目的领奖台上，先积蓄力量而不是急功近利，先退后一步而不是还没有站稳就发力，这样一来才更容易有所收获。

沉潜是一种以退为进的逆向思维，沉下去是为了更好地浮上来，潜下去是为了以最大的力量破水而出。所以，当挫折与机会并行、失望与希望同在的时候，我们需要思考一个问题：是怨天尤人还是奋起直追？是疲惫应战还是蓄势待发？不同的思维，不同的选择，也意味着不同的结果。

黑格尔在著书立说之前有长达6年的沉默时间。这6年时间里，他不表现自己，不露锋芒，但是坚持思考和研究，积蓄更多的知识和“养分”。很多的人也认为这6年是黑格尔一生中最关键的时期，就是这6年的沉潜成就了一代哲学大师。

毛尖草积蓄力量，从而疯狂生长；企鹅潜入深水，从而腾落地面。我们只有真正学会沉潜，有了以退为进的思维，不管遇到什么事情都看长远、看未来，懂得等待，懂得退一步是为了更好地进两步，便可以更好地发力，让自己更出色和出众。

前进不得，那就退一步

很多时候，人们只能前进，不能后退。后退就意味着退缩，前功尽弃，甚至是失败。但是更多时候只前进不后退，也是错误的。继续前进，就是万丈深渊，难道还要前进吗？继续前进，反倒会失去更多，这时就不能后退吗？

《周易》写道："尺蠖之屈，以求信也；龙蛇之蛰，以存身也。"意思是说尺蠖弯曲身体，是为了伸展；龙蛇潜伏不动，是为了保存自己。说的是人要学会退让，后退也是一种智慧和技巧，一方面是为了保全自己，一方面是为了更好地前进。生活中，不单向思考，不被思维拴死，而是反过来思考，前进不得就后退，做到进退自如，才不会将自己逼入绝境。

来看这个故事：

南美洲巴西亚马孙热带丛林中生活着一种蜂鸟，它们的体型非常小，但是数量众多，时常会成群出没。只要蜂鸟出动，就是一个庞大的阵容，可以遮天蔽日，让大片丛林都笼罩在它们的阴影之下。

蜂鸟的飞行速度非常快，并且只能前进不能后退。后退，就意味着临阵退缩，就会遭到其他蜂鸟的围攻，直至被啄死。尤其是攻击其他动物时，后退更是不被允许的。所以，在整个热带丛林中，蜂鸟虽小，但因为群体庞大，且勇往直前，没有动物不怕它们。这也导致蜂鸟成为雨林中的“王”，可以随便攻击其他动物。

不幸的是，雨林发生一场大火，动物们的家园被烧毁了，无数动物惨死在大火中。一些动物四处逃散，保住了性命。蜂鸟则因为它们已经习惯了前进，所以即便面对熊熊烈火也不后退，一群群地扑向大火。结果，一群群蜂鸟葬身火海，整个家族只剩下少部分成员。

这时候，一只小蜂鸟动摇了，开始试着后退，以求保全自己的性命。后来，一些蜂鸟也跟着后退……就这样，只有那一小部分活了下来，延续了蜂鸟的种群，而更多的蜂鸟葬身在火海之中。因为这样，蜂鸟改变了飞行习惯，它们不再往前飞，而是倒着飞翔，并且不再动辄攻击其他动物。

后退，真的是一种智慧。这一退，改变的不只是行为，更是思维和认知。蜂鸟习惯了前进，认为只有前进才是正确的，才能战胜对手，成为丛林中的王者。这本无可厚非。但是，当确定“前进就是死亡”之后，却还要一意孤行，结局就不言而喻了。好在有少部分蜂鸟选择了后退，没有像其他蜂鸟一样一根筋。第一只后退的蜂鸟也绝不是懦夫，虽然它“反叛”了，但这才是正确的选择。

人固然要前进，不畏艰难，锐意进取，但有时候更要做一只后退的蜂鸟，学会退，学会让。陶渊明20岁时开始了他的宦游生涯，也曾雄心壮志，勇于前进，但奈何不适合官场，得不到施展抱负的机会。于是，他没有强行硬闯，而是选择辞官回家。后退一步，就是海阔天空。陶渊明归隐田园之时，也让他成为我国著名的田园诗人。还有李白、张良……

我们在生活中也是这样。当工作、学习中遇到不可攻克的难题时，与其耗时耗力地一味往前钻，不如暂且后退，重新寻找合适的路径，这样结局就会不一样。

因此，我们必须学会改变，用逆向思维去对待进与退。退，不意味着无能和逃避。试想一下，如果前方是万丈深渊，前进就是白白浪费时间和精力。相反，后退一步就能走出困境，迎来柳暗花明，那么，有什么理由不后退呢?

把握好进与退，打破一种思维，进也好，退也罢，其实都会有好的结果。

从零开始，有了开始，一切都有希望

人应该有两个觉悟：一是从零开始，二是坦然于退一步。这都需要勇气，更需要不一样的思维和智慧。

中国台湾作家刘墉，善于写作，还擅长画画。尤其他的画，很有个人风格，频频获奖，受到很多人的喜欢。有一年，刘墉受邀参加中国台湾当代名家画展，同时被邀请参展的作品中还有张大千、黄君璧等著名画家的作品，所以能参加这个画展让刘墉感到很自豪，甚至还有些沾沾自喜。但是，一个朋友的话却让刘墉震撼。这个朋友也是著名画家，和刘墉关系非常好。他对刘墉说："你的画很不错，还是过去的样子。"刘墉反复回味着这句话。"还是过去的样子"看似是夸奖，其实是说自己的画没有突破。

刘墉开始重新审视自己的绘画历程。自己虽然受过严格的专业训练，师从黄君璧、林玉山两位名师，也获得过很多奖，举办过很多画展，但是，不管是在技巧还是风格上都有不足，不足以和名家相提并论。然而，自己却沉浸在成绩里，自我感觉良好，以至于多年来没有突破和提高，始终在原地踏步。

想到此，刘墉做出选择——果断辞职，到美国留学，从零开始，寻求绘画上的突破。因为敢于离开自己熟悉的地方，放弃曾经的成绩，刘墉的绘画取得了较大的突破，将中西方艺术结合起来，之后应邀在世界各地举行近30次个人画展。

很多人怕改变，更怕从零开始，因为这意味着之前的努力化为了乌有，意味着之后要付出更多的努力。但是，换个角度想一想，从零开始即意味着打破原有的一切，让我们跳出传统的藩篱。而这样的“退”，实际上是为了更大的“进”，为了突破之前对自己的种种限制。

从零开始，意味着无限可能，预示着美好未来。会稽山的勾践，面对战争的失败、山河的破败，他选择从零开始，因为他知道只要可以重新开始，就有东山再起的机会。相反，项羽也面临着同样的境遇，被逼到乌江河畔，然而他却做出截然相反的选择——江边自刎，成为彻头彻尾的失败者。因为他不懂得从零开始，不知道只要肯“退”就会有柳暗花明的一天。

或许从零开始会让我们失去很多，但是转过头来想一想，得到的其实比失去的更有价值。而且，只要有了再开始的勇气和魄力，那么一切都有希望，都将朝着好的方向发展。

快要退役的时候，邓亚萍面临两个选择：是当教练，还是继续深造？经过深思熟虑，她选择去读书，不断提升和完善自己。但在上第一堂课时，她把所有能想起来的字母写出来，却不够26个。一段时间后，当时的国际奥委会主席萨马兰奇邀请邓亚萍当国际奥委会运动员委员会委员，而她只能由翻译陪同，否则在会议上就会成为“哑巴和聋子”。这大大地刺激了邓亚萍，她发誓要把英语说好。

几个月后，国际奥委会在葡萄牙开会。这次邓亚萍没有带翻译，一开口就让萨马兰奇惊讶，夸奖道：“邓亚萍只学了三个月的英语，就能流利地用英语发言，我们真的应该给她鼓励。”

之后，邓亚萍拿到清华大学学士学位，后来又拿到英国诺丁汉大学硕士学位、剑桥大学博士学位。事实证明，正是因为邓亚萍敢于从零开始，所以她才会一次次突破自己，从乒乓球领域的“大魔王”变成其他领域的佼佼者。

所以，转变思维，不管之前是成功还是失败，不管原本是已负盛名还是寂寂无闻，只要敢退回原点，重新开始，就有可能成就最好的自己。

学会了“被动”，才能掌握主动

很多人习惯用正向思维思考问题，喜欢主动出击，这样一来才能抢占先机，赢得优势。说话是这样，第一个开口，率先表达自己的想法，同时把自己放在讲话者的地位，说得多，讲得久。做事也是这样，在行动上保持着优先权、主动权，在态度上则保持着强硬、进攻的倾向。如果处于被动的地位，或是遇到比自己主动的人，就会努力掌握主动权，控制住局面。

主动没有什么不好，很多时候，我们确实应该主动。但并不是所有的主动都能得到好结果，不是所有的环境、局面、对象都适合主动。有时候，你越主动，结果可能越不好。比如与人谈判僵持不下时，主动反而让对方抓住破绽，洞悉自己的底牌。所以，要学会逆向思维，适时地选择被动。

这里的“被动”，不是坐以待毙、一种刻意的反向操作，而是一种以退为进的逆向思考。选择被动，是为了赢得主动权，进而得到好的结果。因为思维方式发生改变，让人意想不到，也就给了自己能力发挥的空间。

2021年4月，在某选秀节目中，一个反向努力的选手“出圈”了。其他选手非常主动，积极表现，卖力表演，他却与众不同，表现得很是消极被动，给人的感觉是不想参加选秀，不想成团，想被淘汰。

在节目中，他说出很多“金句”，如“我只想回家”“请你们别为我撑腰”“请为我的队友撑腰”“谢谢你们，去追你们自己的梦吧”，等等。结果，他没有“如愿”，队员不让他被淘汰，说一定会救他；粉丝也没有轻易放过他，积极为他投票、打CALL（泛指对某人的喜爱与应援）。

第一轮投票的时候，所有人都抱着“你想走，我偏偏不让你走”的想法，他的名次越来越靠前，支持他的人越来越多，他成为节目中热度最高的选手。或许有些粉丝、路人早已心照不宣，知道这是反向操作，但依旧一次次地把他留在舞台上，想看看他能走多远。

看到了吧！学会了“被动”，运用逆思维以退为进，反而让自己有了主动权，得到好的结果。是的，没有人不喜欢出名，否则就不会参加选秀。与其他选手的积极主动相比，这个选手表现得很被动，好像是被推着前进，所以激起了大部分人的逆反心理。

其实，这就是古人所说的“不争，就是争”。老子《道德经》说：“夫唯不争，故天下莫能与之争。”意思是，不争，天下的人就没有谁能与你争了。这告诉我们：做事的时候，我们要保持主动，积极争取机会，但是也不能丢了被动。在主动不能让事情有进展或是无法占据优势的时候，要学会逆向思考、反向操作，有意识地化主动为被动。

战国时期，杨朱去到宋国，住在一家旅店里。旅店老板有两个小妾，一个貌美，一个丑陋。但是老板却非常喜欢长相丑的小妾，对她宠爱有加，相反一点儿都不喜欢貌美的小妾。

为什么呢？杨朱很是不解，于是向老板询问缘故。老板是这样回答的：“那个貌美的小妾自以为是，因为长得美丽而骄傲，所以我不认为她美。那个丑陋的小妾有自知之明，知道自己有缺点，所以我不认为她丑陋。”故事很短，道理也很简单：太拔高自己，主动去争、去显摆，反而招人讨厌；选择被动，学会不去争、不拔高自己，反而招人喜欢。

主动与被动，是思维方式的不同。学会被动，也不是丢掉主动，更不是真的什么也不做，而是善于采用逆向思维，懂得如何利用被动来获得主动。

放弃大鱼，选择小鱼

生活中，人们常常赞誉“前进”的人，认为这是勇者，是聪明的人。所以，不少人热衷于“进”，而不甘于“退”。事实上，前进不是唯一的选择，也不一定是正确的选择。有时候，“退”反而彰显了一个人的智慧。

从前有一个富人，据说小时候被人说很傻，因为如果有人同时给他5毛钱和1元钱硬币，他总是选择5毛，而不是选择1元。有人不相信，说：“谁都知道1元的面值大，他怎么可能这样傻？”于是便拿着两枚硬币来到富人面前，让他选择一个，结果真的像别人说的一样。

这个人非常困惑，便问富人说：“难道你连5毛钱和1元钱都分不清吗？”

富人笑着说：“当然分得清。”

这个人问：“那你为什么还只要5毛钱？”

富人说：“我可以告诉你，但是你不可以告诉其他人哟！”

得到这个人的应允之后，他才继续说：“如果我选择1元钱，还有人像你一样和我玩这个游戏吗？”

直到这时，这个人才发现原来富人是最聪明的，真正“傻”的是那些嘲笑他的人。

这个故事是人们杜撰的，但是不得不承认，富人真的非常聪明。的确，如果他选择1元钱，就没有人愿意和他玩了，而他只能得到1元钱。他选择了“退”，每次都选择5毛钱，于是越来越多的人来试探他，他得到的钱也越来越多。这样的“退”——把自己装成“傻子”，甘愿被人“愚弄”，也让他获得了更多。

按照正向、正常的思维，人们都倾向于选择大的、多的，因为这样可以获得更多。殊不知，只要选择了大的、多的，或许就失去了更多的机会，反而得到得更少。事实上，像富人这样聪明的人有很多，舍大取小，看似不聪明，却在考虑长远利益，是在以退为进。比如生意场上，双方进行合作，一方在处于劣势的前提下选择分得小部分利益，看似吃亏了，但是赢得了对方的信任与肯定，拿到了长期合同，获得了更多的利益。

从另一个角度来说，人不可以贪婪，妄想得到更多，否则可能失去更多。运用反向思想，适当地“退一步”才是聪明的选择。

这里还有一个类似的故事。

一个人正在河边钓鱼，几个人则在一旁围观。不一会儿，鱼漂就动了，钓鱼者立即收线拉鱼竿，只见一条一尺多长的大鱼跃出水面，不断地跳着。钓鱼者鱼竿一扬，就把大鱼甩到岸上，然后解下鱼嘴上的钓钩，顺手把大鱼丢回河里。

岸上观看的人都惊呆了，虽然有疑问但也不好说什么。过了一会儿，钓鱼者又钓上一条一尺长的大鱼，然后又扔回河里。这时候，一个人忍不住了，不解地问：“这么大的鱼，怎么就放掉了呢？难道你还想钓更大的鱼不成？”

钓鱼者笑着说：“哦，我家的鱼缸太小了，只能养几条小鱼。如果鱼太大了，恐怕它们无法自由活动，还可能会缺氧而死。”

就在这时，又一条鱼上钩了。钓鱼者再次扬起鱼竿，只见一条两寸长的小鱼被钓了上来。随即，钓鱼者小心地解下鱼钩，把小鱼放进水桶，高兴地回家了。

钓鱼者舍大取小的做法让人不解，但在他看来却是理所当然的：鱼缸小，装不下大鱼，所以他退而求其“次”。或许有人说，难道他就不能换个大鱼缸吗？这也可以。但这或许违背了钓鱼者的初衷。因为一条鱼，换掉整个鱼缸的确有些得不偿失。

生活中，我们需要适当地“退”一下，不能贪大、贪多，否则就算得到了也是暂时的，将在不久的将来失去。舍大取小，其实是以退为进，是权衡了利弊之后的明智之举。当然，影响我们取大还是取小的关键在于我们的思维，更在于我们的心胸和气量。做到不贪心、不执着，才不会贪小便宜吃大亏，也不会让自己只获得一次“选择1元钱”的机会。

从“饥饿营销”得到的启示

做生意的人都希望多卖东西，销售量越大，赚的钱也就越多。这是正常逻辑。可是很多聪明的商家却选择了限量——推出新品，限量销售，产品数量只有1万台，或者更少；推出限量版，全国只有1000只、100双，甚至10台。

限量销售，如何赚钱呢？这就是运用了逆向思维，也利用了稀缺效用。在今天，很多商家运用了这样的思维，比如小米、苹果手机的销售，古驰、阿迪达斯某些限量版的推出……它也有一个专有名词——“饥饿营销”。

这要从1975年的一个实验说起。当时社会心理学家斯蒂芬·沃切尔和同事做了一个简单的实验：他们召集一些志愿者，把他们分成人数相等的两组，之后从罐子里拿出一些巧克力小甜饼让他们品尝和评价。第一组分到10块小甜饼，第二组则只分到2块。结果，第二组的志愿者品尝了小甜饼之后，给出了很高的评价，而第一组志愿者的评价则低很多。原因很简单，物以稀为贵，因为小甜饼数量少，所以人们更珍惜，品尝之后意犹未尽。

一种东西的数量越少，价值就显得更高，吸引力也就越大。所以，商人做生意的时候，都会从反向出发，以退为进，减少产品供应，以便让消费者更迫切地得到它。举个例子，北京有一家奶酪店，因为奶酪味道好，它很受周边客户的欢迎，每天前来购买的人都排起长队。后来，奶酪店越来越出名，城市四面八方的吃客都来“打卡”、品尝，一些人还从其他城市赶了过来。

人们都以为老板会增加供应量，一些人还劝他扩大店面、增开分店。但是，老板却做出相反的举动——限量销售，一天只供应1000份奶酪，卖完关门。结果，店铺生意更加红火，前来排队、抢购的人更多了，每天下午5点不到就可以卖完奶酪，新客户不断增长，老客户也更有黏性。因为限购，所以产品更抢手，人们的购买欲也会更持久。于是，这家奶酪店的生意持续红火，不像一些“网红店”仅仅火一段时间而已。

当然，斯蒂芬·沃切尔的实验并没有结束，他再次进行实验，邀请了一批志愿者，并把他们分为两组。第一组品尝的小甜饼是从装有10块的罐子拿出来的，第二组的小甜饼是从装有2块的罐子里拿出来的。但是在志愿者品尝之前，实验人员又把小甜饼拿了回去，然后从另一个罐子里重新拿出一块给他们。就是说，第一组志愿者先得到了供应充足的小甜饼，但是吃到了数量有限的小甜饼；第二组恰好相反，先得到了数量有限的小甜饼，之后吃到了数量充足的小甜饼。

结果不言而喻，第一组给出的评价更高。就是说，当产品由充足变得稀缺时，人们更能感受它的价值，更渴望得到它。这是更深层次的饥饿营销。比如很多商店销售产品，一开始供应充足，等到一段时间后便宣布：产品数量只剩5000台，之后不再提供；再过一段时间又宣布：产品数量只剩1000台……在产品变得越来越稀缺的情况下，它的吸引力会变得更大，人们便开始抢购。

最后，斯蒂芬·沃切尔又做了一个深层次的实验：在上一轮实验中，第一组参与者被告知要换一罐较少的小甜饼，实验者给出不同的解释。他们对一些人说："不好意思，我们发错了，所以需要换。"对另一部分人说："不好意思，小甜饼不够分了。"

结果，后者给出更高的评价。实验说明，当有人抢购产品时，人们就会产生危机感，更想得到产品，感觉产品的价值更高。所以，商人不仅会限量销售，还会虚构一些竞争者，让人们感觉有人在和自己争抢，如果下手晚了就得不到了。这不是很多销售员一贯使用的技巧吗？

可以说，"饥饿营销"是一种逆向思想，也是一种以退为进。在人们的普遍认知中，物以稀为贵，被抢购的东西一定是好的。所以，商家和生意人为了获得更多的利益，不是扩大销量，保证产品的充足供应，而是反向操作，制造供不应求的"假象"。虽然很多人懂得"饥饿营销"，也明白这是商家和生意人的策略，但还是无法抑制自己的购买欲。

当然，采用"饥饿营销"的策略，也需要注意两点：一是抓住消费者的心理；二是用对了时机。小米之所以成功，是因为它之前就在不断造势，让人们都知晓了其优势。同时，雷军抓住了好时机，当时国内智能手机正处于供不应求的阶段，且苹果、诺基亚等智能手机价格较高，所以小米走性价比、"饥饿营销"路线。要是产品没有优势，推出限量销售的时机不对，那就是自己给自己设置障碍，不仅无法成功，反而让自己陷入困境。

聪明的吃亏，是大智慧

人都是趋利避害的，潜意识中有这样一个认知：要有得，不要失；要对自己有利，不要吃亏。但实际上，主动吃亏这样的反向操作才是更聪明的逻辑。从辩证的角度分析，过于计较，一心想要得到更多，绝对不吃一点儿亏，反而会失去更多。相反，如果主动吃亏，放弃一些东西，退让一点儿空间，则会保住自己的利益。

动物断尾求生是这样，人们出让自己的利益也是这样。家长时常告诉孩子，遇到欺负你的人，实在打不过就主动求饶，别让自己受到更大的伤害。警察也告诫大家，在孤立无援的情况下，遇到歹徒打劫，第一时间主动把钱财给对方，别死抱着钱财不放手。

这与我们从小受到的教育不同，对吧？在我们的认知里，不能纵容坏人，不要轻易求饶，而应该勇敢，尽力与坏人搏斗。但是，在明知道自己无法打过对方，不清楚歹徒是否有武器、是否穷凶极恶的情况下，硬碰硬，不肯吃亏，只会把自己置于危险之中，吃更大的亏。聪明的做法，是主动吃亏，给别人想要的，这样才能保护自己的利益。

主动吃亏，是退让，表面上是一种损失，其实是一种收获。在社会中，这样的思维和做法可能会让自己失去一些利益，让别人受益。但是，这种退让和给予从长远来看，则是一种间接投资，之后会为自己赢得更大的回报。事实上，很多成功者是聪明人，懂得逆向思维、主动吃亏。

春秋战国时期，齐国有一个田恒，发动了政变，杀死了齐简公。他最有名的手段就是收买人心。当时百姓生活贫苦，缺衣少粮，吃不饱、穿不暖。田恒在百姓缺粮的时候借粮给他们，借出去的时候用大斗来称，而百姓来还的时候则用小斗来称。大斗和小斗相差很多，田恒表面上是吃亏了，损失了不少粮食，但是这样的举动却让齐国百姓对他感激涕零，不仅编了很多歌谣来赞美他，还拥护他、推举他。

人们常说“吃亏是福”，虽然吃亏本身不是一件好事，意味着一定程度上的损失、舍弃和牺牲，但是用吃亏可以换来自己想要的，背后的经验、人缘、机会也会随之而来。这些都将在之后的时间或是未来的某一天变成收获。

因此，抛弃尽量不吃亏的想法，不要总想着得到，而要主动吃亏、聪明地吃亏。如同清代梁同书写的这副对联：“能受苦方为志士，肯吃亏不是痴人。”先舍后得，是思维的转变，也是心理的改变。不要总是想着自己占便宜，不纠结于自己的得到，而要从别人的角度出发，主动抛弃和让出一些东西，任何时候得到的都会比失去的要多。

当然，人心是微妙的。你主动吃亏，是真诚的，愿意为他人利益着想，而不是虚情假意，或是表面一套、背后一套，否则只能适得其反。

提高自己的“被利用”价值

在人际关系中，“利用”与“被利用”是截然不同的两个概念，给人的感觉也不一样。利用他人的人，肯定扬扬得意，因为得到了好处；“被利用”的人往往会愤愤不平，带着怨气找对方算账，甚至还可能与其闹翻。即使不敢声张，恐怕心中也会不满，找机会扳回一局。

以上是常规思维的理解。对于这些人来说，“利用”是一个反义词，“被人利用”也是糟糕的事情，内心还可能产生一种被人操控、被人戏弄的感觉。然而，如果反向思考，就会发现能被人利用，其实应该是令人高兴、珍惜的。

有人愿意利用你，说明你有很高的价值，在某些方面是有优势的，或是在某方面具有出色的能力——或许是有人脉、声名高，或许是有能力和才华，或许是忠诚、让人信得过，等等。

从某种程度上说，一个人只有具备被利用的价值，才会被别人利用。他能获得多大成功，做出多大成绩，也取决于他能给别人带来多大的利用价值。因此，当你发现被人利用时，不要气急败坏，而是应该为自己有价值而庆幸。

萱萱是学服装设计的，有天赋，也有想法，毕业后进入一家设计公司做设计师，跟着一个在业界比较知名的设计师学习。一段时间后，设计师让她设计一组作品，参加某个大型设计展。为了证明自己，也为了抓住这次大好机会，萱萱很是用心，作品也得到设计师的认可。

可是等到参展时，萱萱发现署名有两个人，一个是自己，另一个是那个设计师，且自己的名字在后面。朋友得知此事后，都为萱萱打抱不平，说这个设计师不地道，是在利用萱萱，有人还劝她把这件事告诉老板。不过萱萱没有这样做，虽然她的内心有些委屈，但还是安慰自己："被利用，说明我的作品很不错，这是值得高兴的。"

接下来，萱萱继续跟着这个设计师学习，有什么好的创意和想法也主动与其交谈，不断地提升自己的能力。就这样，一年后，设计师向老板推荐了萱萱，让她参加一个大型设计展，同时给了她很多建议和帮助。这一次，萱萱拿到不错的成绩，在公司和行业内都站住了脚。

"被利用"，说明你身上有价值。如果人没有被"利用"，则说明他的个人价值不大。从另一个角度来说，在职场上你积极表现，卖力工作，其实也是在争取一个被"利用"的机会。得到了这个机会，你的价值就可以得到体现，进而得到升职加薪、实现职业梦想的机会。

就是说，我们要当一条反向游泳的鱼，进入职场时不是一心想着表现、争功，而是积极打造自己的核心价值，创造并提升自己的"被利用"价值。当你具有足够价值时，你就可以被人发现，获得更多的收获。

李特进入一家销售公司，初衷是在职场磨炼几年，提升自己的各项能力，积累一些人脉和资源，然后去创业。所以，他工作积极，勤奋好学，不断向前辈请教，当然也乐于帮助他人。为了提升个人的表达能力，他主动主持晨会，在会议上发言。为了提升组织协调能力，他积极参与展会的策划、布置、调控等工作。同时，他还积极扩张和联络客户，谁有难搞的客户，他都愿意帮忙协调和沟通……

因为“被利用”的价值不断提升，李特越来越受欢迎，也获得了提升的机会，短短几年就从普通员工升为业务经理。因为平台的改变，他的眼界、思维随之改变，自然向实现个人目标又迈进了一步。

所以说，我们需要正确对待“被利用”，认识到只有自己有价值才会被利用。这个过程中，只要能展现自己的价值，不断让自己发光，便可以在被利用中实现自我的提升。

换句话说，任何场合、任何人际关系，其本质都是价值的交换。你的价值，决定了你的人际关系、成绩、平台和资源。你的价值越大，受到的关注就越多，“被利用”的机会就越大。若是你自身没有价值，没有资源、财富、能力，没有可以被人“利用”的东西，想“被利用”也是一种奢望。

当然，我们需要注意：必须把能力转变成可利用的价值，即满足他人的需求，让对方看到自己的有用之处。如此一来，自己的价值才能越来越高，才能有效地向他人证明自己，进而获得更多的机会。

留一线，是给别人也是给自己

有一句话是“狭路相逢勇者胜”，说的是与人竞争或对决时，应该敢进、勇于进，保持不畏惧、不退缩的精神状态。这没有什么不对，敢拼、敢闯，才能在竞争中占据优势；毫不畏惧，遇到强敌也不退缩，才能在对决中获得胜利。

然而，事情具有多面性，做事也需要灵活应变。尤其是在人际交往中，我们不仅需要做敢进的勇者，也应该考虑环境、个人能力、与他人的关系等因素，避免陷入冒进的陷阱。比如在职场上，你与同事竞争主管的位置，没有考虑对方的背景、能力，也没有考虑自己有多少支持者，便一味地表现、争抢，甚至开始攻击对方、取悦同事，不仅没有任何益处，反而会让自己陷入困境。

而且，中国人强调“留一线”，做事和说话都不要太绝、太满、太激进。留的这一线是给别人的，不把别人逼得太紧，不让对方太难看，同时也是留给自己的，不至于让自己因为一时冲动而让事情失去挽回的余地，不至于让自己和别人的关系变得更加紧张。“留一线”看似是退一步，让自己有损失，实际上就是因为退了这一步，中间有了一定的余地，也帮助了自己。

秦国有两个厉害的人物，一个是商鞅，另一个是张仪。这两个人物，我们再熟悉不过，也知道他们的结局完全不同，就是因为他们的思维和行事风格截然不同。商鞅带兵攻打魏国，两军对峙时为了获胜，商鞅欺骗了公子卬，说自己与其交情甚好，不忍心互相攻杀，两军可以起誓结盟，结束征战，让两国百姓安居乐业。但是，当公子卬前来赴会的时候，商鞅却抓住公子卬，还乘势攻击魏军，使其大败。后来，商鞅变法失败，被诬陷谋反，只能急忙逃亡魏国。魏国人记恨他的欺骗，不但拒不接纳，还把他送回了秦国。最后，商鞅被车裂而死，全家也无一幸免。

而张仪呢？也欺骗过魏国。当时，魏国与韩国结盟，共同对抗秦国。秦惠王大怒，派张仪攻占魏国陕县。之后，张仪竟然把陕县的百姓还给了魏国，还当上了魏国的国相。实际上，这是秦惠王和张仪的合谋，为的就是破坏魏国与其他国的结盟，还劝说魏王带头臣服秦国。当然，张仪的游说失败了。直到魏襄王时，他的游说才成功。

后来，秦武王即位，很不喜欢只会耍嘴皮子的张仪，再加上一些臣子的诬告陷害，他只能离开秦国，来到魏国。魏王不仅没有为难张仪，还任用他为相，直到去世。

同样是得罪魏国的人，同样是在危险的时候来到魏国，为什么结果却截然不同？因为商鞅做事很绝，没有留有余地，毫不犹豫地抓住公子卬，结果导致魏国损失惨重。所以，魏国人对商鞅恨之入骨。而张仪做事留有余地，攻占了魏国的城池之后，归还其百姓，善待其百姓，还帮助魏王出谋划策，所以赢得了自保的机会，得以善终。

留一线是一种智慧，也是一种心胸，它是给别人，更重要的是给自己。然而，很多人没有这样的思维和智慧，因为逞一时之能、争一时之气而把事情做绝、把话说满了，最终只好自己吞下苦果。

李佳进入一家销售公司担任销售主管。因为之前做出了业绩，受到前老板的赏识，也积累了一定的资源，李佳越来越骄傲、目中无人，时常出现抢资源、抢客户的情况。一年后，李佳和同事竞争销售经理的职位。李佳虽然来公司的时间不长，但能力出众，具有一定的优势。竞争者也很有实力，且比李佳经验丰富，但是个子小小的，似乎没有什么气场。李佳认为对方根本不是自己的对手，自己升职加薪是十拿九稳的事情。

在会议上，领导要求双方立下军令状，谁能更好地完成业绩任务，谁就有机会当上销售经理。竞争者表示在3个月内完成500万元业绩，使得公司业绩上一个台阶。李佳听到这话，也不甘示弱，夸下海口："我会在两个月内完成500万元业绩，如果做不到，我不仅退出竞争，还会主动辞职。"

李佳说完这话，竞争者非常尴尬，在场的所有人都震惊了，因为这似乎是个很难完成的任务。领导主动开口说："你要不好好想想？这不是开玩笑哟！"

李佳并不领情，严肃地说："我从来不开玩笑的！"

结果可想而知，李佳失败了，两个月只完成了300万元的业绩，只能无奈辞职。竞争者成为销售经理，而他成为笑话。

不留一线，自己也就没有了退路。所以，当与人竞争、对峙时，不要只想着让对方没有退路，我们要敢于进、勇于闯，但也要会让、会退，给别人和自己都留有可以退的余地。就算占据优势，就算是真正的勇者，也应该学会留一线，适当地选择退和让。

第六章 <<<

换一种方式努力，换一种方式成功

努力很重要，但是努力的方式、方向也很重要。所以，当努力之后，收效不大的时候，不要再固执地坚持，换一个思路，换一种方式，可能就会让自己的努力变得有价值，且不至于让自己太苦、太累。

危险在哪里，出路就在哪里

每个人都会遇到问题和危险，失败者有失败者的问题与面临的危险，成功者有成功者的问题与面临的危险。多数情况下，成功者遇到的问题和危险要比失败者多得多。在这个过程中，成功者转变了思维和视角，看到了其背后的机会，于是就找到了出路，迎来了成功。

我们知道，没有人愿意去危险的地方，比如悬崖峭壁、险恶的沼泽。因为所有人都知道去了那里，就相当于把自己置于不安全的处境，随时可能失去生命。但是当人人都把“不去危险的地方”当成惯性思维，不愿意冒险，他们就无法看到绮丽的风景、找到新的出路。

危险和安全是相对的。你认为危险的地方，也许是别人关注的地方；你认为安全的地方，也许藏着不确定因素。所以，我们应该逆转思维，反其道而行之，不过于惧怕危险，而要敢于冒险。当然，危险的地方依旧危险，我们需要做的是对危险有充分认识，并且勇敢地尝试、发现与探索，在危险中求机会、求成功。

还记得那个少年吗?

他从来没有见过大海，最大的梦想是成为水手，在大海中畅游。终有一天，他来到海边，却发现海面上笼罩着浓浓雾气，有着未知的危险。少年踌躇了，不敢接近大海，此时他遇到了一个老水手，便问道：“我喜欢大海，但是却看到了大海的可怕。我想成为水手，但真的不敢冒险。”

老水手微笑着说：“很多人都有你这样的想法，有时连我的朋友都不愿意再做水手了。”

少年疑惑地问：“为什么呢？因为大海真的很恐怖，水手是一份危险的工作吗？你是不是也惧怕了？”

老水手说：“这确实是一份非常危险的工作，但是我非常热爱它，所以根本不惧怕危险。事实上，我的家人都非常热爱大海，从我的祖父开始，到我的父亲，再到我的哥哥，他们都是水手，但不幸的是，他们都被大海吞没了，我也遇到过一次大的海难……”

少年惊讶地说：“那你为什么还要去冒险？”

老水手没有回答，反问道：“你能告诉我，你的祖父和父亲死在什么地方？”

少年不知道他为什么这样问，但还是诚实地回答了：“他们都死在床上，是病死的。”

老水手说：“看来床也是一个十分危险的地方，你怎么还敢睡在床上呢？”

少年一时顿住，不知说什么。

没错，大海是危险的，是诡秘的，与大海搏斗的水手，也时刻身处危险之中，不知道什么时候就可能被吞噬掉生命。然而，谁敢说哪一个地方就是绝对安全的，就算有这样的地方，待在那里是不是索然无趣，永远无法做自己喜欢的事、成就自己的所想呢？

实际上，危险不是我们想要的，但是按照常规思维规避危险，绝不做冒险的行为，生活将激不起任何波澜，更无法看到一点点奇迹。

巨大的危险，蕴藏着巨大的机会。虽然碰触到它，可能会让我们遭遇巨大的挫折，或是经历几次惊心动魄，但是如果能随机应变，多思考，多反思，往往会有大的收获。这就告诉我们，深陷危险之中，不能一味地回避，或是只想着如何摆脱它。很多时候，你越是想要回避与摆脱，情况就可能越糟糕，让自己陷入更大的风险之中。转变思维，在危险中求生、求出路，则更容易寻找到机会。

空城计的故事，绝大部分人是知晓的。诸葛亮就是突破了常人思维，转变了思考方式，面对司马懿兵临城下的巨大危机，不紧闭城门，不设防御工事，而是大开城门，也不安排一兵一卒。这让城中的将士、百姓面临更大的危险。只要司马懿愿意，他就可以不费吹灰之力破城。然而因为思维变了、行为变了，虽然风险增加，但也迎来了巨大转机——司马懿怀疑有伏兵，主动撤退了。

可见，危险与安全是相对的。我们不要习以为常地认为“危险的地方去不得”，也不要一味地规避危险，费尽心思地把危险的地方变为安全之地。很多时候，危险在哪里，出路就在哪里；也有些时候，危险的地方也不注定就会“灭亡”。只要我们能突破常规思维，逆向思考，便可以在危险中求出路，或许还可能得到别人无法得到的机会。

失败，是你努力错了

两个人去放牛，等到牛吃饱之后，第一个人想把牛牵进牛栏，但牛却较起劲来，死活不肯进去。这人又拉又拽，连踢带打，累得气喘吁吁，却没能成功。第二个人只是拿着一把青草，在牛的前面引着，不费一点儿力气，就轻松地把牛带进了牛栏。

为什么会如此？因为第一个人用的方式错了，虽然他努力了，费了不少力，但用的是蛮力。比力气，人怎么能比得过牛，所以他失败了。相反，第二个人用对了方式，有想法，有技巧，所以轻易成功了。

任何事情，努力错了，注定会失败；努力对了，不仅会成功，还会事半功倍。所以，如果你已经努力，尽力去做了，依旧不成功，那就逆转一下思维，换一种方式来试试。这样不仅避免了盲目，更避免了费时、费力以及浪费感情。

换句话说，努力很重要，但是方式、方向更重要。方式不对，努力之后，可能会原地打转；方向不对，再怎么努力与折腾，都是徒劳，还可能让事情朝着相反的方向发展。

有人要问了：如何判断我的努力不够，还是努力错了呢？举个例子，如果是挖井，看准一块地，拼命地挖下去，始终不出水，也不肯放弃。这个人就是努力错了，结果就是一无所获。如果挖了一会儿，看到不出水就立即换一个地方，一直不停地换地方，这个人也是努力错了，必然挖不出水来。

如何判断是坚持还是换个地方？其实很简单，只要懂得基本常识，知道10米的水压正好等于大气压，也就是说，如果你挖了10米深，依旧没有水，这个地方就挖不出水了。即便挖出水，也很难把水抽上来。这时候，继续努力是没有意义的，换个地方才是正确的选择。

努力错了，越努力，离成功就越远，情况可能越糟糕。所以，当努力之后，事情没有多大进展的时候，我们就需要换一种努力方式。失败的时候，我们应该停下来思考，看看自己所处的位置是否正确。如果不正确，立即掉转方向，再继续努力。选对了方向与方式，才能让努力发挥最大效用，产生持续的动力，带领我们走向成功。

再来看看这个小故事吧！

在很久之前有一所动物学校，为了让动物们能应对新世界的种种挑战，并且便于学校管理，校长规定所有动物必须学习所有本领，包括跑步、爬树、游泳和飞行。于是，动物们努力地训练起来，没有一个偷懒的。可结果呢？

只有鳗鱼“学业有成”，以平均成绩第一名成为优秀毕业生，拿到了学校的最高奖励。事实上，它只是游泳能力优秀，爬行、跑步、飞行都只会一点点。其他动物的表现则不尽如人意。

鸭子非常善于游泳，游泳水平甚至超过老师。但是，它根本学不会跑步，每一次都是最后一名，而且跑步姿势奇丑无比，完全不达标。为此，它付出了很多努力，每天下课都勤练跑步，还放弃了游泳，最后脚蹼严重受伤，跑步能力没有提高，游泳成绩也下降了许多。

兔子跑得很快，跑步成绩是最好的，但是怎么也学不会游泳。它看到水就害怕，还差一点儿被淹死，最后一直没有办法通过游泳考试，郁郁寡欢，精神出现了问题。

还有松鼠，本来是爬树高手，但是为了学习飞行，非要大胆地从地面飞到树上，结果力不从心，毫无进展。

事实证明，成功和失败的区别，就是成功者努力对了，失败者却努力错了。成功的路有许多条，但是结果在于你的选择，做出什么样的选择，就有了什么样的结果。故事里的动物本可以成功，掌握出色的本领，成为优秀的学员，但是它们把努力用错了地方，结果不仅没有成功，还让自己伤痕累累、疲惫不堪。

所以，不成功的话，就换一种方式努力；失败了，就换个位置或方向。所有的努力都用在它该在的地方，所有的特质都发挥了它的最大价值，对于每个人来说，这就是成功的秘诀。

努力很重要，借力也很重要

当你一个人的力量很难把事情做到令人满意的地步时，当你必须付出极大的代价才能搞定一件事情时，你会选择如何做？继续努力，然后因为力不从心而放弃，还是转变一下思维，靠其他方式达到目的？

很多人会选择前者，因为他们认为努力才能成功，全力以赴才能有希望。没错，这样的思想是正确的，但仅限于其努力与结果是平衡的。如果两者不平衡，比如付出了极大的代价才得到一个比较好的结果，甚至得不到好的结果，就应该改变了。

一件事的完成，谁又规定非要一个人的力量呢？既然你努力了，也做不到，拼尽全力也不尽如人意，为什么不转变思维靠借力的方式来解决呢？很多事情你没有能力做到，其他人则可以轻松做到；你付出极大的代价才能做好，“借”几个朋友的力量就可以事半功倍。正是这样，很多人选择后者。与那一部分人相比，这些人也更容易成功。

三国时期的诸葛亮就非常善于借力，且是把借力思维用得最好的一个人。他只用三天时间，借助一些木船和稻草，就借回了10多万支箭。因为突破了“自我”，善于借力，他完成了不可能完成的任务，战胜了难以战胜的敌人。

英国也有一个聪明人，大英图书馆原馆长，也拥有这样的借力思维。图书馆搬家，需要巨额资金、大量人力和时间，那就“借人”——

市民。他在报纸上刊登一则广告：从即日开始，每个市民可以免费从大英图书馆借10本书。没有几天，书就被借光了。然后，他让所有人把书还到新图书馆。就这样，借用市民的力量，没有花一分钱，就解决了问题。

想要成功，首先要从认知和心态上进行转变，跳出“只依靠自己，只相信自己”的思维和态度，学会“善假于物”，懂得“乘长风破万里浪”。力不从心时，不再一味地倚重自己的才华和能力，而是适时地把思维和视线向外转一转，寻求身边强者的帮助；没有资源时，不再一个人死扛，而是积极依靠他人，借助他人的力量形成自己的优势资源，抬高自己的起点。

当然，借力不一定成功，但只要你有这样的思维，能聪明地换一种方式去努力，就多了一个成功的筹码。

有一个叫乔治的优秀化妆品销售员，工作几年之后便不满现状，想着成立自己的化妆品公司，专门生产黑人化妆品。他邀请三个伙伴做创业合伙人，但是当三个人知道他没有多少资金的时候，便产生怀疑：“现在黑人化妆品市场被佛雷化妆品垄断，很多大公司在竞争中败下阵来，我们没有资金，没有人，怎么可能有立足之地呢？”

乔治自信地说：“我不想一下子就发大财，只是想分一杯羹。在某种程度上，竞争对手能力越强，我们就越有机会。”虽然合伙人对他的话还有怀疑，但是考虑到他是一个优秀的销售员，在产品销售方面很有天赋，便答应加入其中。

很快，他们的化妆品公司成立了，并且生产出自己的产品——粉质膏。为了让消费者购买自己的产品，他在电视、报纸上做广告，使用了这样一句广告语：当你用佛雷的化妆品时，再搽上查理·史密克的粉质膏，将会有神奇的效果！

合伙人非常不解，问道：“你为什么给佛雷公司打广告？它的名气这样大，你还吹捧它，我们如何能竞争得过呢？”

乔治笑着说：“就是因为它的名气大，我才这样说！查理•史密克这个名字没有人知道，但是如果把这个名字和美国总统放在一起，肯定会让人记住，然后很快家喻户晓!”是的，乔治的意图就是借助佛雷公司的名气来宣传自己的产品，这在广告学上叫作“搭便车”，也是一种借势思维。果然，乔治成功了。他们的粉质膏打开了销路，且销量非常不错。

接下来，乔治继续发挥这种借势思维。他们进一步扩大业务，生产出一系列新产品，然后巧妙地把自己的产品和佛雷公司联系在一起。正因为他善于借力，他们在竞争激烈的市场环境中生存了下来，并且成功逆袭，成为黑人化妆品市场的新霸主。

看看吧！很多成功者并不是他的能力有多强，而是他不断努力，有借力的思维。在这种思维引导下，成功者突破了“我”的局限，善于转变自己的思想，寻求多方面的途径与资源。因为巧于借力，精于借势，我们便有了广阔天地，大有作为。

所以，我们必须有这样的思维：力不够了，就借力。因为努力很重要，借力也很重要！

选择强大的敌人，失败了也值得

想要赢，对手也很重要。很多人的常规思维，就是选择弱的对手，这样一来，自己的优势就明显了，赢的概率就变大了。短期来说，确实是如此，但是长期来说却并非如此。对手弱，赢得容易，便会失去进取心，也无法促使自己变得更强大。

举个例子，森林中的某动物和狗争斗，即便它赢了，也只是战胜了狗，本领只增长了20%。可是选择和狼、老虎争斗，就算它输了，也会因为之前不断地苦练本领、激发潜力，让自己的本领增长80%甚至是120%。所以说，成功需要逆转思维，不要为了赢得轻松而选择弱的敌人，也不要为了占据优势而局限于“鸡群”。换一种思维，选择强大的对手和敌人，既能让自己经受磨砺，又会给自己施加压力，败了也会收获更多。

在芯片市场，英特尔无疑是无人能及的强大者，没有人愿意与其竞争。竞争，就意味着失败，一无所获。但是杰里·桑德斯却不这样认为，他偏偏选择了这个看似无法战胜的敌人。

20世纪60年代，杰里·桑德斯刚刚从大学毕业，进入一家半导体公司工作。凭借聪明的头脑和持续的努力，他仅仅用了两年时间就成为该公司西部市场的销售经理，负责西部11个州的产品销售。很多人羡慕他取得的成绩，但是他却做出一个令人惊讶的举动——离开公司，一个人创业，成立了AMD（超威半导体）。

一开始，整个公司只有他一个人，从研发到推销，从管理到清洁，都只有一个人。有人问他："你打算生产什么产品？""微处理器！"他笑着回答。那人震惊地说："你不是开玩笑吧！难道你想和英特尔竞争？"

是的，按照一般人的思维，这属于天方夜谭。因为在微处理器领域，英特尔绝对是市场上的霸主，几乎没有人敢和他竞争。但是，杰里·桑德斯却有不一样的想法，他认为做任何事都需要强大的对手，与其胜过弱者，不如败给强者。

思维是不同的，行为也是不同的。接下来，杰里·桑德斯把英特尔作为目标。正因如此，他很清楚公司的发展方向，明白自己应该发挥出最大的能力。他积极扩张人脉，通过人脉获得资金、资源，并且把精力和资源都用在产品研发和生产上。经过不懈努力，他终于研发出一些出色的产品和技术，包括AMD的嵌入式解决方式。这些产品和技术受到很多消费者的欢迎，也让公司得到快速发展，销售业绩甚至一度超过英特尔。

但英特尔毕竟是大公司，具有绝对的优势。没过多长时间，杰里·桑德斯公司的产品在市场上就被英特尔湮没了。不过，杰里·桑德斯并不气馁，随即推出K6处理器，向英特尔的"奔腾处理器"发起挑战。为了与英特尔抗衡，他不惜高薪聘用高级管理人员，还挖来了前摩托罗拉半导体部总裁格特·瑞兹。

虽然在销售额和市场份额上AMD始终处于劣势，甚至在英特尔的强大攻势下举步维艰，但是它活了下来，并且在产品技术方面超过了英特尔，使得英特尔在全球范围的市场份额被削减不少。很多之前和英特尔合作的计算机厂商，转而与AMD合作，AMD也先后在数十个国家和地区建立工厂，成为世界上第二大微处理器企业。

一个只有一人的小公司，发展成为世界知名芯片公司，成为英特尔公司的强大对手，就是因为杰里·桑德斯有超乎常人的逆向思维，敢于选择强大的敌人，勇于挑战芯片市场上最成功的英特尔。这是勇气的胜利，更是思维的胜利。

试想，如果他不选择英特尔，而是选择一个小公司，结果也就不一样了。或许他会成功，但成就绝对不是今天这样的。所以，有人这样评价杰里·桑德斯："他的成功与失败都与他所选的那个强大对手有关。他总是爱把活动范围超过自己力所能及的限度，就像是一只敢与雄鹰比飞的山鸡。虽然最终的结果是，山鸡无法战胜雄鹰，但是这也使他成为飞上蓝天的山鸡！"

如果你的对手和敌人都是普通人甚至是弱者，你最多是普通人中的成功者。所以，如果想要成功，取得巨大成功，就要选择最强大的对手。如果你还不够强大，就不要害怕败给伟大的敌人。不管什么时候、做什么事情，与其胜过弱者，不如败给强者。

选择了强大的敌人，失败也是另一种成功。

努力无效，是因为无效努力

做某事后成果不大或是没有成果时，很多人认为是自己的努力不够，或是认为机遇不青睐自己。实际上并不是如此，没有收获好的结果很可能是因为做的都是无效努力。

什么是无效努力？它是指没有沉下心来，被太多的东西所干扰，或是一味地追求数量、速度，囫囵吞枣，或是不思考，只是瞎忙。这样的努力既浪费时间、消耗体力，又成效不大，只是自欺欺人。

有些人认为努力很简单，只要花时间去做事就好了——不偷懒，把时间填满。如果我们把一天的时间记录下来，就会发现太多时间被浪费掉了，也做了很多无用功。具体来说，做事习惯性拖延，每当做一件事时就找一些借口，想让自己轻松一些，同时很容易被其他事情干扰，看看这个，做做那个，导致该做的事情没有做，该半小时完成的任务要花费一个小时，甚至是更长时间；没有计划地去做事，上来就干，出错了就重新来过，或者是做着做着就偏离了方向，浪费了大把时间；不思考，遇到难题就硬磕，不思考问题出在哪里，不寻求其他解决途径，让所有努力都变成瞎忙。

来看这个年轻人：

李琦是一家房地产公司的HR，他觉得应该提升一下自身的能力，否则自己升职和加薪的机会十分渺茫。可是，努力了很久，李琦还是原地踏步，没有得到升迁的机会，反而看着一位同事被提拔为主管。李琦很是沮丧，说想换个公司，还向朋友抱怨：“你看，我努力了，但还是没有得到那个机会呀！”

朋友笑着说：“是吗？你真的努力了吗？”

李琦高声说：“是呀！但是没有效果呀！”

朋友继续问：“是真的努力无效，还是你只是无效努力？我觉得你应该思考一下。”

李琦陷入沉思，回想着最近一年所做的努力：为了提升业务能力，他下定决心要努力看书，也在网上买了很多课程。但是学习的时候，他总是被其他事情干扰，一会儿刷刷微博，一会儿和朋友聊天，买的课程也没有用心学习，知识没有变成自己的；同时，他主动帮同事做一些事情，也积极加班，可是做事时心静不下来，忙中出错，反而让领导不满。

像李琦这样的人并不少，他们很忙碌，但是并没有忙到点子上，效率低下。虽然这些努力的效率不高，但起码他们一直在努力，也做了一些事情。生活中还有这样一些人，他们只是看起来努力，只是装装样子而已。小方就是这样的人，他每天坐在办公桌前，手里拿着文件，但只是混日子，根本没有心思工作。老板在时，他就看看文件，与同事沟通工作；老板不在，就拿出手机刷视频、打游戏，在微信上和朋友讨论晚上到哪里去放松。

小方总是在工作时间做其他事情，本该当天完成的工作一拖再拖，有时还会让同事帮忙，然后在老板那里说成自己的功劳。这样下来，小方的表现自然不尽如人意，也无法得到老板的器重。然而，他却和别人说：“我这么努力，一天到晚忙得不行，为什么老板总是挑刺？”

无效努力，就是一种假勤奋，虽然很辛苦，但是收获不多、成效不大。因此，当你的努力成效不大时，你应该转变思维，思考自己是否做了无效努力。摆正心态，找到有效努力的途径，结果才能有所改变。

换句话说，与努力相匹配的是结果。如果你所谓的努力没有成效，没有收获有价值的东西，那么就需要改变了，拒绝再做无效的努力。只看到努力，没有看到结果，是从过程出发；而我们要转变思维，从结果出发，思考如何努力才能更为高效，怎样才能抛弃那些不实际、没有价值的东西。

我们不能以结果为导向，只关注结果，而忽视过程。但是，很多时候结果才是最重要的。也就是说，我们需要从结果来倒推，明确如何让自己的努力最有成效。更明确地说，就是沉下心来，不被太多东西干扰，拒绝不思考、瞎忙和浪费时间。这样一来，努力才不是无效的，也才能让自己有收获，一步步靠近成功。

错误的思维不解决，永远陷入失败的死循环

犯错不可怕，失败也不可怕，可怕的是运用了错误的思维方式。不管做任何事情，如果思维方式错误、逻辑或是认知错误，注定会碌碌无为。错误的思维不解决，行为永远不会被摆正，也就无法从失败迈向成功。

当然，思维造成的倾向性有好也有坏。当人们被错误的思维左右，做出的行为也会是错误的，便会陷入失败的死循环。只有改变思维，结局才能发生变化。当然，改变思维并未改变事情本身，只是改变了我们的认知、行事方式以及角度。

一个一无所有的穷人，靠着辛辛苦苦挖煤才能填饱肚子。穷人在上帝面前哭诉，说："凭什么我流血流汗、任劳任怨，辛辛苦苦地工作，却依旧一无所有？看看那些富人吧！毫不费力就可以拥有那么多财富，享受着大鱼大肉，住着豪华的房子。你太不公平了。这是为什么？"

上帝听了这话，说："你觉得怎样才公平？"

穷人立即回答："如果富人和我是同样的条件，和我做同样苦的工作，那就绝对公平了！"

上帝点了点头，答应给他一个机会。于是，一位富人破产了，和穷人一样落魄。接下来，上帝分给他们一样大的两座煤山，挖出的煤归他们所有，以一年为限，看结果会有什么不同。之后，富人和穷人一起

挖煤。富人之前没有干过重活，而且根本不懂得如何挖煤，只能摸索着去做，还挖一阵歇一阵。一天时间，富人只挖了一车煤，卖了100元钱。穷人则不同，他浑身都是力气，又挖惯了煤，没多大工夫，就挖了一车煤，也卖了100元钱。

可是，两人的行为却有不同。拿到钱，富人只买了几个馒头，把剩下的钱都存了下来。穷人则花光了所有的钱，到镇上好好地饱餐一顿，买了平时买不起的大鱼大肉，还到娱乐场所享受了一番。

第二天，穷人继续挖煤，还是如同昨天一样，只挖了一车煤，然后就把钱花在吃喝玩乐上。富人呢？一大早就去了集市，雇了两个身强体壮的工人，为自己挖煤。因为他给的工钱比别人高出10%，工人干得很起劲。这一天，富人挖了5车煤，去掉给工人的工钱，再去掉吃饭的钱，其他的部分他都存了下来。

之后的日子里，穷人依旧一个人挖煤，然后卖钱、吃喝享受。慢慢地，他变得越来越懒惰，越来越爱享受，挖的煤也越来越少，日子过得依旧贫苦如初。富人雇的人则越来越多，并成立了煤炭公司。当整座煤山挖完的时候，他已经是个有钱的富翁了。后来，他还进行了其他投资，财富越来越多，比之前更有钱。

一年的时间到了，上帝来到穷人面前，问他是否明白了其中道理。穷人则哑口无言，说不出抱怨的话来。

穷人为什么穷？就是因为他的思维陷入了误区：工作只是为了温饱，赚了钱就要享受；没有投资思维，没有长远目光；不满意现状，却不改变自己。错误的思维，导致错误的行为，而思维不改变，永远也无法摆脱贫穷。

错误的思维方式有很多，如线性思维、恐怖化思维、应该化思维、合理化思维、习惯性思维等。先说恐怖化思维，简单来说就是恐惧一切，放大挫折和困难，遇到什么事情，第一个想到的就是“万一失败了怎么办”“万一遇到意外怎么办”。

这样的思维总是把事情想得太糟糕，凡事往最坏处想，久而久之让自己处于紧张、恐惧、烦躁的情绪中，不敢冒险，做事犹犹豫豫、左顾右盼，自然没有突破与成绩。如果不逆转思维，看到事情的另一面，或是拥有好的心态，恐怕我们永远无法看到“柳暗花明”。

合理化思维则是一种消极的思维方式，拥有这样思维的人对什么都不在乎，没有生活的目标，也不积极上进。遇到困难，第一个想法是：“反正我也解决不了问题，还是等别人来处理吧！”失败了，总是安慰自己：“我已经很努力了，结果还是这样，我有什么办法呢？生活就这样吧！”虽然他们对生活不满意，但却认为这种状况是合理的，不愿意激发个人的潜力，不愿意做出巨大的改变，甚至有“破罐子破摔”的心理。

可以说，思维决定了我们的行为，决定了我们做事的结果。如果结果不好，就应该反过去看看我们的思考是否正确。只有摆脱错误思维，我们才能摆脱失败的人生。

慢就是快，好事就得慢着来

想要成功，是快快行动，还是慢慢来？顺思维的人，大部分会选择前者，而逆思维的人则会选择后者。事实上，后者才是聪明人，更容易成功。或许有人不同意，认为："做事比较慢，别人都已经做了很多事，他只做了一点点，如何能成功呢？""别人早就行动了，他还在等待，机会和好东西都被抢走了，如何能成功呢？"

事实上，急于成功，行动过快，很容易在前进中乱了步伐，发生意外。就好像攀岩，急于攀上顶峰，步伐过快，就可能一脚踩空，跌落到最低端。与急于求成相比，慢慢来，先观察每一个落脚点，然后摸索着攀爬，踩得实，爬得稳，反而能更快地爬上顶峰。

行动过快，就容易盲目，忽视细节；急躁冒进，就会出太多差错，无法一次就把事情做好，只剩下了手忙脚乱、气急败坏。任何事情都不是一两天就能成功的，快就是慢，慢就是快，急而成之，只能事与愿违。相反，要是慢慢来，求稳，缓而图之，结果往往不会太坏。

北宋王安石变法顺应民心，符合历史发展潮流，那为什么会以失败告终呢？其中一个关键原因就是王安石过于激进，急于求成。王安石提出了十几项改革措施，涉及政治、经济、军事、社会、文化各个方面，力求在短短几年时间内全面推开，取得好的效果。结果，变法出现众多问题，不仅让王安石落得辞官的下场，也加速了北宋的灭亡。

很多人希望成功，也渴望快速成功，然而一飞冲天、一夜成功不过是幻想罢了。图快的思维，只能让我们不断摔跤，拖慢成功的步伐。因此，稳而思进、慢而有为才是正确的思维，也是获得成功的关键途径。

慢慢来，不是懒惰拖延，也不是消极对待，更不意味着停滞不前。做事做得慢一些，让自己有一些思考，让步伐稳健从容一些，同时把事做得细一些、专业一些，一点点前进，一点点突破，自然也能快速成功。

少年时期的曾国藩学东西比较慢，他知道读书没有捷径，更不能急于求成，于是便让自己慢下来。读不懂上一句，就不读下一句；看不完这本书，就不摸下一本书。虽然学习进度慢，但是他不急躁、不心慌，而是定下心来慢慢读。

一天晚上，曾国藩正在诵读一篇文章，一个小偷悄悄溜进他的房间，想等他睡着之后偷些东西。谁知曾国藩反复诵读，都没能把这篇文章读熟，也没有睡觉的意思。看着他不着急不着慌的样子，小偷实在忍不了了，直接走出来骂道："你实在太笨了！你这脑子，还是别读书了！"曾国藩愣住了，但之后行事依旧不改风格。

是的，他深知自己资质不高，所以做事踏踏实实，比别人更努力、更虚心，不求快，不取巧。他考了7次才中秀才，但始终不浮躁，努力让自己平静下来，遇到问题也不放弃，慢慢钻研。有了之前的积累，曾国藩开窍了，开窍之后，他的科举之路就顺畅起来，很快就中了进士，入朝为官，并且出将入相。

曾国藩一生都不图快，反而求稳求慎。他的弟弟曾国荃则是一个求快、比较急躁的人，于是他多次告诫，希望弟弟别贪功、求速成，不要求奇功，凡事求稳。在带兵的时候，他也把"稳慎"的思想一以贯之，反对速战速决，认为欲速则不达。

很多时候，快就是速度，就是效果。战场上，时间就是战机，容不得一点儿迟疑，哪怕慢一秒都会错失战机。所以，我们要求快，这时候行动快，结果是好的。然而，有些时候，快就是慢，快反而让事情朝着相反的方向发展。因此，我们要适时地采用逆思维，在该慢的时候慢下来。

慢下来，一点点进步，关注质量和细节；不急于求成，每次都把事情做好，成功的脚步就会加快。

思维的勤劳，才是真正的勤劳

成功，一个关键的因素是勤奋。这个勤奋不只是肢体的勤奋，也是思维的勤奋。只有肢体的勤奋，没有思维的勤奋，效果会大打折扣，甚至还直接导致失败。肢体的勤奋，真的无法弥补思维上的懒惰。很多人一生平庸甚至不如意，就是因为思维懒惰。

思维懒惰，第一点就是不愿意思考，不透彻分析一件事，不积极寻求其他有效的方法。因为不思考，碰触不到问题的核心，拘泥于个人的单一做法，所以努力了、流汗了，但收效甚微。

一个小伙子要搬运一批木头，想到的最好方法就是借一个推车。推车可以装十几根木头，但是这又太重了，他根本没有办法推动。没有办法，他只好少放几根，然后一次一次地运送。运送的次数多了，小伙子也筋疲力尽，之后不得不减少木头的根数。结果，一整天下来，小伙子只运送了不到五分之一，还累得半死。按照这样的方式，小伙子肯定完不成任务，而完不成任务，也就无法拿到钱。怎么办呢？小伙子困惑了，甚至有些想要放弃。

可是，问题真的解决不了吗？当然不是。办法有很多，比如找几个人来帮忙，或是租一辆货车，然后把自己拿到的钱分一小部分出去。虽然钱赚得少了，毕竟任务完成了，比失败强多了。小伙子很勤劳，但思维是懒惰的，不分析问题，不积极寻找解决问题的途径，才犯了低级错误。

很多时候，我们遇到难题、失去机会，只是被自身的思维懒惰束缚了。因为不思维，所以选择了价值最低、效率最差的方式，成为低价值的勤奋者——费了很多力气，时间没有少花，苦也没有少吃，却没有得到什么。

对于人来说，思维懒惰是非常可怕的。试想，如果人人都是肢体勤劳但思维懒惰的人，那么今天，我们可能仍停留在原始社会。所以说，思维的勤劳，才是真正的勤劳。爱因斯坦说过："如果给我1个小时解答一道决定我生死的问题，我会花55分钟来弄清楚这道题到底是在问什么。一旦清楚了它到底在问什么，剩下的5分钟足够回答这个问题。"这足以说明他更重视思考，认为思考才是解决问题的关键所在。

事实上，很多人善于思考，能积极发散思维。英国有个叫吉姆的年轻人，日常工作就是抄写文件，虽然工作简单，但是工作量不少，一天下来时常累得胳膊抬不起来。于是，他每天都会去运动，而他最喜欢的运动就是滑冰。

滑冰这项运动是受季节限制的，冬天的时候，他可以自由地享受滑冰的快乐。但是冬季一结束，这个想法就成了奢望。怎样才能在其他季节也滑上冰呢？吉姆一直思考着。一天，他灵光一闪，在鞋子上安装了能滑行的轮子，这样就可以在光滑的地面上"滑冰"了。

"旱冰鞋"就是这样诞生的。

因此，拒绝思维懒惰，不仅可以弥补肢体上勤劳的不足，还可以创造出很多奇迹。所以，我们既需要肢体勤劳，更要让大脑勤劳起来。当然，这需要做出以下努力。

1. 把一件事想透彻，抓住事物的本质，找到问题的关键。

2. 解决问题，也要追究问题发生的原因，想到其他解决的方式和途径，并且深究现有的逻辑有哪些错误。

3. 逆向思考，尝试着反其道而行之，从结果倒推，从对立的角度去思考。

4. 独立思考，不被其他人的思维牵制，不被既有的经验、认知、习惯限制。

5. 从眼前的事情跳出来，从全局、未来的角度来思考，放大格局、放宽视野。

6. 深度思考，让认知升级。

不去试错，就是最大的损失

生活中，我们需要不断试错，因为方向感比速度更重要。就像我们之前所说的，努力错了方向，所有的努力也就白费了。不去试错，就不知道哪个方向是错的，自然找不到正确的。

所以，不管做什么事情都不要害怕出错，害怕了就不敢迈出脚步，也就禁锢了自己的发展。人就是在不断犯错中磨炼、提升的，然后才练就了成熟、勇敢、强大的模样。而且，很多时候，犯错的成本并不高，错了还可以改。只要能在错误中学习，利用其正面价值，使其成为对自己有益的参考，避免更大的错误，完全可以越做越对，获得成功。

一个做旅行分享的女孩，在各平台上拥有上千万粉丝，也成就了自己的一番事业。她是一开始就找到方向，想到自己能成为这样的人吗？当然不是。就是因为不断试错，不断调整方向，她才找到了适合自己、自己又喜欢的事情，然后做得有声有色。

一开始，她没有考上心仪的大学，只是进入一所三本院校。为了能有出路，她努力地学习，并且不断地寻找机会。她曾经在一家旅行公司做营销策划，但发现这不适合自己；曾经在一档节目做编导，发现这也不适合自己。因为形象好，长得漂亮，她还曾经想要“出名”，做一名歌手或是演员……

她积极寻找表现自己的机会，不断地摸索和尝试，也经历了一次次失败和打击。但是，她还是积极尝试着，后来终于找到正确的方向，做起旅行分享博主。在分享、做视频的时候，她不断地试错，终于找到了适合自己的风格，也摸透了观众喜欢的“口味”。

看到了吧！错误并不令人讨厌，它有着独特的价值。如果逃避错误，把错误关在门外，我们就失去了接近成功的机会。一定程度上说，错误就是正确的先导。每犯一次错误，就离正确、成功更近一步。当然，前提是我们得反思、学习和提升，而不是随意做事，错了就错了。

试错，不是毫无顾忌地去犯错。很多人认为年轻人就应该多犯错，因为我们有资本、有时间，可以犯各种各样的错，反复犯同一个错。这样的思维和行为是大错特错的。试错应该是有目的的，在尝试的过程中思考这条路是否正确，自己的行为错在哪里，之后如何调整和提升。只有在不断试错中有所思、有所得，才能有所突破。

同时，错误的价值不只是让我们有所思，从中汲取教训。若是我们能逆转思维，积极思考，“将错就错”，往往会寻找出更有益的东西。事实上，生活中的很多发明、发现都缘于一次偶然的错误，如青霉素、肥皂、可口可乐等。

来看下面的故事：之前有一个造纸工人正在生产一批用来书写的纸张，但在操作时他弄错了配方，导致产品根本不能书写，成为废纸。这个错误不小，也让造纸厂遭受了巨大的损失。这个工人很焦急，思考着如何才能让这批纸派上其他用场。

经过观察，他发现这批纸的吸水性非常好，能吸收大量的水渍。工人灵机一动，为什么不把它当作“吸水纸”来销售呢？于是，他把这批纸切成小块，并包装起来，取名“吸水纸”，还申请了专利。谁知道，这种纸很受人们欢迎，价格还比普通纸高出一些。

工人闯了祸，也立了功。原因就在于，他犯错后没有一味懊恼、置之不顾，而是思索着如何解决问题。因为发现了有益的东西，也因为“将错就错”，所以事情有了巨大转变。

总之，一味地害怕错误、避开错误，是不正确的行为。我们需要逆转思维，大胆地试错，有目的地去尝试、证明如何做才是对的。只有试过，才知道错在哪里，并排除错误答案，然后经过反思和改进得到正确的。同时，错了之后，不要慌张，也不要放弃，聪明地“将错就错”，找到有益的东西，那么“错”了也是对的。

第七章 <<<

敢求异，勇创新，人生就是不一样

人最活跃的是思维，最容易被限制的也是思维。很多时候，成功与否拼的也是思维清不清晰。因此，当别人都朝着一个方向去想的时候，我们需要求异、创新，打破僵局，让思路越来越宽。

成功不看其他，关键看思维

想要做成一件事，不看你有没有好的身份，也不看你有没有经验，绝大部分看你有没有思路。过分夸大客观条件，而忽视自己的思维方式，不懂得逆转思维，打不开思路，自然就与成功无缘。

很多人做着同一件事，有的人有能力、有资源，可是没有做出多大成绩；有的人没经验、没资源，但是轻松就成功了。关键就在于两者思维不同，后者能灵活思考，不让思维进入死胡同。同样是做生意，有的人只能赚小钱，有的人则获得了大财富，原因也是他们的思维不同。后者具有一种创新的能力，不甘于被传统和惰性限制，勇于求异、创新，力求获得常规之外的东西，所以也找到了灵感和机会。

之前法国引进一种高产的土豆，虽然当地政府积极推广，希望农民能种植这种土豆，但是绝大部分农民不感兴趣，愿意种植的人寥寥无几。这时候，是继续加大宣传力度，给予一定的奖励，还是推出强制措施呢?

事实上，这两种做法都不见得有好的效果，尤其是后者，很可能引起农民的反感，让事情变得更加糟糕。怎么办呢？一个好办法就被想了出来：政府在各地开发了一些试验田，种上这种高产的土豆，然后派士兵来把守。这反而会激起农民的好奇心，想要知道里面究竟种植了什么好东西。

农民一开始只是偷偷地观望，后来索性“冒险”进去偷一些土豆出来，然后再小心翼翼地种植在自己的土地里。就这样，农民尝到了甜头，认识到这种土豆的优势，纷纷响应政府的号召。第二年，大部分法国农民种上了这种高产的土豆，整个国家的土豆总产量得到大幅度提升。

大多数情况下，人们有这样的心理：别人越想说服我们接受什么东西，我们就越排斥、抗拒，想办法抛弃它；当别人越禁止我们接触什么东西，我们的好奇心就越大，一心想要接近它、得到它。法国政府正是抓住农民的这种心理，开阔了思路，想出“另类”、不同寻常的想法，进而实现自己的目的。

所以，人最活跃的是思维，最容易被限制的也是思维。改变思维的确非常困难，但这是我们必须去做的。思维不一样，思路自然也不一样。改变之前的旧思路，尝试着去求异、创新，自然容易打破僵局，让我们的思路越来越宽，想出不一样的好方法、好方式。

具体来说，我们需要让自己的思维更活跃一些，换个角度或方向想一想，开阔自己的思路，这样一来就可以有很多奇思妙想涌现出来，也会有不一样的发现，实现创新。

现在，请你回答一个问题：如果让你选择一个玩具，你会选择美丽的还是丑陋的？相信大部分人会选择前者，你也不例外。但是，一款丑陋玩具却受到无数人的欢迎，给发明者、生产者带来了巨大收益。

发明丑陋玩具的人是一家玩具公司的董事长，名叫布希耐。一个偶然的机会，他看到几个孩子正在玩一只肮脏且丑陋的昆虫，而且乐在其中。布希耐一开始感到非常奇怪，但是转念一想：市场上销售的玩具都是美丽的、形象好的，如果我能独树一帜，生产一些丑陋的玩具，会不会大受欢迎呢?

有了这样的想法，布希耐就让公司研发人员设计出一些相貌丑陋的玩具，然后推向市场。结果，孩子们果然被这些玩具吸引，争先恐后去购买，布希耐也大赚了一笔。看到这样的情形，同行们受到启发，争相开发生产“丑陋玩具”，如印有很多丑陋面孔的小球、发出难听声音的布偶，以及拥有鼓胀且带血丝眼睛的娃娃。很长一段时间以来，这些丑陋玩具非常畅销，受欢迎程度比正常玩具更高。

为什么丑陋玩具会如此畅销？关键在于人们具有求新欲望和逆反心理。求新欲望是人的一种基本欲望，就是想从自己熟悉的环境中寻求新的刺激，满足自己的好奇心。逆反心理是人们更倾向于摆脱常规的思维轨道，向着相反的思维去探索。布希耐从小孩玩丑陋的昆虫得到启发，洞悉了人们的这两种心理，所以进行了大胆的尝试、探索，有了“非常”的创意。

正如黑格尔说：“人是靠思想站起来的。”可见，我们应该让自己的思维活跃些，不被原有的思维模式限制，这样才能改变思维、扩展思路，谋求更大的出路。

做不按常理出牌的“出格者”

人们习惯按常理出牌，按照一定的规则、规矩来做事。可是不按常理出牌，有时才能获得机会，掌握主动权。尤其是与对手对抗、博弈的时候，当其他人惯性地认为你会做出某种反应时，如果你不如他们的意，不按照常理出牌，结果就会不一样。

一次篮球比赛中，两队实力相当，比分始终咬得比较紧。在比赛还剩下8秒钟的时候，A队只领先3分。按照常理，A队已经锁定胜局，就算B队能快速出击，恐怕也很难改变结果。

但是这次的比赛比较特殊，采取的是循环制。也就是说，A队必须领先6分，才能“出线”。同样的道理，A队就算加快攻势，在短短8秒内拿到3分也非常艰难。

这种情况下，该如何布置战术呢？A队教练是这样做的：他首先叫了暂停，要求一个球员在比赛继续的时候迅速跑向自己的篮筐下，投出一个3分球。篮球应声入网，比赛也随之结束。对方球员和全场观众都惊呆了。而当裁判员宣布双方平局，需要进行加时赛时，所有人才恍然大悟。A队教练就是利用这个“乌龙球”为自己赢得了进行加时赛的机会。

既然在8秒内很难保证胜利，那么就不要按照常理行事——主动把球投入自己的篮筐，为自己赢得又一个机会。或许很多人会说：“赛场上充满不确定性，万一加时赛的过程中，让B队占据优势赢得比赛，岂不是得不偿失？”这是一般人的常规思维，即心理不强大。

没错，做出这样的战略部署，很可能会搬起石头砸自己的脚。然而，不尝试，不出格，又如何找到出路呢？事实证明，A队教练很厉害。加时赛中，A队比分超过B队6分，拿到了出线的资格。

真正厉害的人，就是那些不按常理出牌的人。他的思维模式总是与常人有异，让人觉得不可思议，而不被条条框框圈住。这里的条条框框，就是规矩，就是常规思维，也是人们所谓的“套路”。突破人们眼中的常理和思想中的“套路”，大胆求异，甚至是离经叛道，就可能把别人甩在了后面，获得成功。

思维出格的人，往往就是成功者。虽然他们经历过无数次失败，也曾被嘲讽、嫌弃，但往往都会成功。一些按常理出牌的人，选择沉湎于规矩、常理、套路，则无法发现自己和这个世界的与众不同，最终也趋于平庸。

按照常规，学生就应该好好学习，完成学业，再找工作或是创业。但是，比尔·盖茨成为辍学的出格者，这让一些人目瞪口呆，说他是离经叛道、不可理喻。他却敢于逆行，敢做自己认为对的事情，这才抓住了计算机发展的良机，在31岁时就成为亿万富翁。

当然，这里的出格不是为了作对而作对，也不是胡作非为、肆意妄为，而是打破固有思维定式，积极使用逆向思维、非常规思维来思考，做事的时候不拘泥于常规做法，不受限于固有规则，不断挑战自己。

这需要思考，也需要行动。我们一旦学会了非常态的思维方式，突破了自己，往往就可以比之前更优秀，有更多的出路。

所谓机会，就是做别人没做的事

大多数人做事求稳，习惯做别人做过的事情。求稳，不是坏事，可是往往创造不了什么奇迹。因为求稳，就会谨慎、保守，习惯性地逃避未知的挑战，而风险和收获往往是成正比的。如果生活中习惯求稳，等到别人做了某事才行动，久而久之，日子就会越过越平凡，也无法创造出非凡的成就。

大多数时候，机会就隐藏在那些未知的挑战中，隐藏在那些你想做却不敢做的事件背后。如果不去尝试，机会自然就不属于自己。因此，想要不一样的人生，想要获得难得的机会，我们需要去做那些没有人做的事。有什么创新的东西，就要大胆实现，有什么“匪夷所思”的想法，就要放手去尝试，不要管它有没有风险，也不要管它是成功还是失败。

一些事情，在最开始的时候完全看不出能否做成。或许在别人眼中，做这件事是个疯狂、愚蠢的举动，然而，越是这个时候，我们越需要非常规思维，把握好自己认为有把握的机会，做别人不敢、不愿做的“傻事”。

现在，买下星星的命名权，是一件再普通不过的事情。很多人拥有用自己姓名命名的星星，比如金庸星、周杰伦星、袁隆平星、陈景润星，有的是粉丝为偶像购买的——向发行者购买命名权，有的是由小行星的发现者命名的。其实，之前并没有发现者命名行星这件事，只不过后来发现的星星实在太多，数不胜数了，于是才允许发现者来命名。因此，天空中就有了用众多明星、杰出人物的名字及著名地点命名的星星，大部分人也见怪不怪了。

然而，早在几十年前，美国一位天文物理研究所的研究员就想到了这样一个“异想天开”的想法，出卖星星的命名权。当时没有人做过这样的事，更没有人想过这样的事，不过这家研究所的工作人员却把这个不可思议的想法变成现实，更创造了一大笔财富。

当时，该研究所经费紧张，又找不到愿意资助的人，所有人都愁眉不展。在编写出版星象目录时，他们发现有无数个尚未被正式命名的小星星，于是这些人脑洞大开——把星星当作商品出卖。

他们挑选出10万颗小星星，都是学者们认为之后有可能适合人类居住的行星，然后在报纸上刊登这样的广告：您想让您的名字永垂宇宙吗？您想让您的爱侣芳名辉映星空吗？您想让您的亲友英名永驻天际吗？10美元便能使您如愿以偿。没错，仅仅10美元，就可以在Google Sky Map（谷歌星空地图）里把你独一无二的旗帜插在那颗星星上，知道天上哪颗星星属于自己，而且还有一份正式的登记表。之后，你还会收到一封E-mail，告知你有关你家星星的研究进展。

只需要10美元就能得到一颗属于自己的行星，这简直是一个天大的诱惑，更是一件异常浪漫的事情。所以，很多人被吸引，并且积极购买。就这样，这些小星星很快被“抢购一空”，研究所也解决了经费问题。

因此，当你产生奇思妙想时，不要急着否定，也不要左顾右盼，观察是否有人已经做了或是做成了。很多时候，越是未知的事情，越能蕴含巨大的机会；越是看似不可思议的想法，越能产生不一样的效果。

只要敢做，就有机会。做别人没有做的事，尝试看似未知和荒诞的事情，往往会导致两个结果：一个是遭到失败，被人耻笑；一个是收获巨大，创造奇迹。不愿意冒险，不敢尝试自己的想法，抱有求稳、保守的思维，是避免了失败，也失去了很多。试想，谁都在做别人做了或做成的事，重复别人的行为，哪来的突破和机遇呢?

危险无处不在，机会也无处不在。你求稳，不敢做别人没有做过的事，不敢挑战未知和风险，你可以好好睡觉了，因为你已经失去很多机会。若是你有胆有识，敢做别人没有做的事情，敢大胆去想、去冒险、去挑战，就赢得了机会，之后也伴随着成功。

什么时候也不追着别人走

人们有一种习惯，那就是跟着别人走。就说走路吧，面前有两条同样的路，一条路上有人，一条路上没有人，大部分人会选择第一条路。哪个地方“景色好”，有人分享和夸赞，大家就趋之若鹜。做事也是如此，社会上兴起什么潮流，大家就喜欢什么，购买或出售什么；有人做某事成功了，大家就追着这个人走，模仿甚至盲从，认为自己同样可以成功。

但是，这样的思维是错误的。大家都走的路，你也跟着走；大家都做的事情，你也跟着做，这可能是最保险的做法，避免“踩雷”，让自己更安全，有时还可能取得成功。然而，当这种思维根植于你的大脑，你习惯于跟着别人，几乎时时刻刻都“从众”，便不安全了。

有一对父子，生活很贫困，只能满足于温饱。儿子问父亲：“我们为什么会这么穷呢？”

父亲回答：“因为我们没有钱。”

儿子继续问：“为什么我们没有钱呢？”

父亲有些不高兴，认为儿子是在故意找茬，没好气地回答：“因为钱都在富人家里。”

儿子不解地问：“为什么我们不能把钱拿过来，把它作为自己的钱呀？”

父亲苦笑着说："这谈何容易！我们必须跟着富人走，按照富人制定的游戏规则去做事，才能获得一些小钱。如果不这样做，一分钱也拿不到。"

儿子陷入沉思，之后问道："为什么我们不走自己的路，自己制定游戏规则，这样不就可以赚很多钱了吗？"

父亲哈哈大笑，说："你这个小孩子懂什么？我们没钱、没权，怎能制定规则呢？不要做白日梦了，赶快去睡觉吧！"

故事中的父亲或许是很多人的缩影，想要过好日子，却突破不了思维的限制，只习惯跟随别人，把自己困在富人制定的游戏规则中。因为他不敢走新的道路，不敢开辟新的规则，所以看不到未来，只能一辈子都是穷人。

很多时候不是我们不能成功，也不是我们没有其他路可走，而是我们的思维被限制了。在这种受限的思维中，我们很难成为不同的那一个，也很难做出惊人的举动。如果有人做了某事，我们会习惯于追着别人；如果大部分人在做一件事，我们的大脑就不会思考了，而是毫不犹豫地盲从，不管这件事是否适合自己。

诚然，适时地跟着别人走，可以让自己成为受益者。尤其是对于没有经验、能力不强的人来说更是如此。就好像紧跟时尚潮流、顺水行舟，自然能做出一些成就；就如同跟着经验丰富的人去捕鱼，一网下去，总能有所收获。换句话说，"随大流""跟着成功者的脚步"不一定是坏事。然而，我们需要记住：一味跟着别人，甚至出现盲从心理，不管做什么都没有自己的思想或者说不愿意思考，无法做出特色鲜明或是敢走不一样道路的那个，就会坏事。

在日常生活中，很多人都习惯恪守上一辈人的经验，遵循一些老传统，不敢有任何一点“出格”的行为。对于生活或工作中一些未知的、具有挑战性的事情更是充满了畏惧。这些人思维守旧，凡事小心翼翼，中规中矩，虽然办事稳妥，但不具备创造力，不可能出色地完成任务，更别谈将工作做到卓越。因此，当多数人跟着别人走的时候，我们应该逆向思考，敢于唱反调，走一条新的、有差异的路。

或许这样你会失去一些成功的机会，成为人们眼中、嘴里的“疯子”“傻子”，但是不要紧，优秀的人都不追着别人走，都喜欢走自己的路。不让自己失去思考，不让自己的思想迟钝，最好是走别人不走的路，成功或许来得更早一些。

有点儿创意，不玩别人剩下的

聪明人习惯用标新立异的创意吸引别人的注意，而不去玩别人剩下的，实现自己的目的。比如做广告，市场上那么多的同质化商品，电视上短短的几分钟黄金时段，想要让消费者被你的产品所吸引，一下子记住它，勾起购买欲，就需要有创意。

可以说，好的产品，没有广告就很难有客户，也难以在市场上生存下来。但同样是做广告，如果只是与他人一样宣传自己的产品如何好，看到别人的创意好就拿过来使用，结果恐怕也好不到哪里去。想特殊鲜明，就需要有巧思，或是采用逆思维，或是制造悬念。

有这样一个故事：

在伦敦的一条商业街上，住着三个技术高超的裁缝，手艺不相上下，声誉都非常不错。为了拉到更多的客户，三个裁缝都做起了广告，挂出有吸引力的招牌。大家使出浑身解数，彼此都很难分出胜负。

经过思考，第一个裁缝挂出了一块醒目的招牌，上面写着几个大字：本店有伦敦最好的裁缝。结果，客人真的多了起来，生意比之前更红火了。

第二个裁缝看到了，心想："你说自己是伦敦最好的裁缝，那我就必须显得比你厉害！"于是，他也挂出一块更大、更醒目的招牌，上面写着：本店有英国最好的裁缝。一下子，客人都被吸引了过来。

这下第三个裁缝也着急了，不过他心想："难道我要写世界上最好的裁缝吗？这显得有些夸张和自吹自擂，很可能会适得其反。怎么办呢？"思考之后，他决定反向而行，不去玩别人剩下的东西。

第二天，第三个裁缝挂上一块普通且绝妙的招牌，上面写着："本店有这条街上最好的裁缝。"不是按照之前的思路往大的方面说，而是巧妙地利用"本街"两个字。一是体现自己的务实、不吹嘘，二是凸显了自己的出色——就算对方是伦敦、英国最好的裁缝，自己也是最出色的。不管别人如何夸大，也逃不出这条街，不是吗？

果然，招牌一经挂出，客户立即啧啧称赞。第三个裁缝的生意更为火爆，并且持续了下去。

有创意，才能有独特性。它代表着一种跳跃式的思维，可以发生在每一个角落。它非常神奇，有时一个小创意就可以创下巨大财富。可以说，创意是成功的重要元素。再看看下面这个故事。

有一个陶瓷厂，它的产品很有特色，质量也非常好。为了打开销路，销售经理制定了一系列宣传和销售方案，但是老板却认为产品的定价太低了，需要把每款产品的价格提高一倍。销售经理为难地说："定价太高，很难打开市场。"

老板对销售经理说："如果你只想卖原来的价格，那么就不用再干了。"经理很无奈，只好硬着头皮答应下来。经过与团队成员的讨论，销售经理想出这样的创意：以一款瓷杯为例，原价10元，即便品质最好，也只能卖到20元。但是他第一个星期卖文化价值，价格为25元。

第二个星期，他卖杯子的品牌价值，价格为30元。做法是与某知名品牌推出联名款，很多人愿意为品牌支付更高的价格。

第三个星期，他卖杯子的组合价值，价格为35元。做法是将杯子做成卡通造型，组成套装，然后再精心包装。

第四个星期，他卖杯子的包装价值，做法是做成情侣套装，包装中印上唯美的图案，赠送玫瑰花或情侣手链。同时，杯子的包装分为三个档次，经济装价格为50元，精美装为80元，豪华装为100元。

第五个星期，他卖杯子的纪念价值，推出限量款，并且接受定制——可以印上名字、头像。

两个月来，这个方案得到很大成功，杯子的销售量直线上升，给这家公司带来百万利润。

可见，同样的产品，采取不同的创意，就会产生不同的营销效果。如果没有好的创意，这个公司只是按部就班地销售，还会得到这样的结果吗？答案肯定是否定的。所以，想要成功，就需要改变常规的思考轨迹，想出好的创意。当然，创意不是灵机一动的结果，我们应该发掘新的角度，发挥想象力，让思维更多元。

逆转思维，发散思维，独特的创意才能够成为我们成功的最佳利器。

出奇，是制胜的策略

诸多人在想：我得求稳，得规避风险。因为有了这样的思维，这些人习惯和别人一样，按照常规做法去做事，不想新的东西。这确实没有风险，但是也导致了不作为、不成功。

想想看，一切都按照旧的路去走，思维中没有新的东西，也不寻求出其不意、与众不同，怎能看到和收获不一样的东西？有句话说得好："不一样的思维，才能带给我们新的惊喜，而善用它的人，才会处处有异于他人的收获。"

所以，别总是不敢想、不思考，也别不敢出奇。打开思维，放开思路，才能想出新奇的想法，做得与其他人不同，而出奇才能制胜。有时候，只需要一个小小的改变，它或许有些"异想天开"，或许"不切实际"，然而恰恰是这样，才会出新、有突破。

玩具娃娃，是孩子们喜爱的玩具之一。可是，市场上的玩具娃娃太多了，且具有同质性，就算改变造型、材质，取个可爱的名字，也都大同小异。很多公司想要有突破，占领更大的市场份额，但是效果并不明显。

这个时候，日本宝物玩具公司推出了一种丽卡娃娃，并且给了她一个身份，让这个玩具有了生命，就如同孩子的朋友一般。这个创意在今天看来并不出奇，但是在20世纪60年代可以说是别出心裁。

公司给这个娃娃编造了这样一个身份：

丽卡娃娃，本名香山丽卡。5 月3日生，血型O；小学五年级女生，成绩中上，喜欢上语文课和音乐课，讨厌算术；母亲从事服装设计，父亲是法国人，是一个乐团指挥，经常去国外旅行演出。她有一个孪生妹妹，两人一起上学，最大的心愿是在暑假时到法国找爸爸……

这个身份很简单，却让孩子们觉得她就是自己身边的真实伙伴，她和自己一样普通，有着和自己一样的兴趣爱好，同样讨厌算数。为了宣传丽卡娃娃，公司还在少女漫画杂志和儿童电视节目上造势，并且创作了以丽卡为主角的连载漫画，刊登在孩子们喜欢的漫画周刊上。这样一来，丽卡娃娃迅速被孩子们接受，很受欢迎。有的孩子竟然特意打来电话，询问“丽卡在家吗”“我能不能和她通电话”……

玩具公司认为这是一个非常好的契机，立即邀请20名童话作家，撰写谈话材料，然后在全国各地设立电话专线，以丽卡的名义与孩子们说话聊天，讲述丽卡的有趣故事，分享丽卡的生活状况。同时，玩具公司还根据形势发展以及孩子们的需求，不断更新丽卡的生活环境，介绍她新结交的朋友，以便推出新的娃娃、组合玩具以及配套玩具。仅仅在1986年，玩具公司就卖出98万个丽卡娃娃，包括丽卡、她的妈妈、妹妹、同学、朋友，以及各种服装、用具等。

当时，丽卡娃娃成为日本孩子们最喜欢的玩具，而且一直随着各种故事与趣闻逸事畅销20多年。原因很简单，宝物玩具公司能从同质性思维中跳出来，调整思维方向，进而做到出奇制胜。

出奇，有一定的风险，因为思维太过跳脱，行为也比较独特，有时还显得不合逻辑。但正是因为敢这样去做，让别人意想不到，才让自己更加成功。这看似容易，但真正做到的人少之又少。它需要我们能发散思维，敢于追求新奇，有意识地发散与传统、习惯以及其他人都不一样甚至是“背道而驰”的思维，开辟新的路径，寻找完全不同的方法。

但是这样做了之后，结果也是让人意想不到的。因为想法新奇，有创造性，且不断地更新，所以它会让人有很大的收获。因此，我们需要学会转变思维方式，尤其是在想要突破、冲出“重围”的时候，更需要打破思维的惯性与局限，敢去创新，寻求新与奇。

别人找“热门”，你敢进“冷门”

做生意，一般人的思维是找“热门”，大家都去做了，且都赚到了钱，我也可以分到一杯羹。而且，生意成了热门，说明没有风险，经营难度小，就算赚不了大钱，也不至于赔钱。有了这样的思维，一些人习惯随大流，看到哪个行业热，就进入哪个行业，哪个生意火爆，就跟着去做。

然而，找“热门”并不是聪明的做法。不说做的人多了，利润少了，很难赚到大钱，重要的是，热门生意中，竞争是非常激烈的。要知道市场容积是一定的，竞争的人多了，被淘汰的人就会多。你是这个行业的后进入者，实力不强，对于一些事情不了解、不精通，很容易成为被淘汰的那个。而且，任何事情都是相互转化的，一个行业注定要从冷到热，再由热到冷，进入的人越多，利润就越小，产品就越过剩。如果你看不到这一点，在这个行业由热转冷的时候进入，恐怕会败得很惨。

因此，我们需要逆转思维，从另一个角度去看所谓的“热门”与“冷门”。避开热门行业和热门项目，利用超前的眼光去挖掘“冷门”，便可以成为最先成功的少数人。

随着生活条件越来越好，家长们越来越愿意给孩子拍照，拍下婴儿出生、周岁、童年时期的照片，留下美好的纪念。于是，儿童摄影变得火爆起来，很多人进入这个朝阳行业，也赚了不少钱。

但是，一位女士却没有进入这个“热门”，反而挖掘出老照片纪念册这个“冷门”，专门为老年人进行照片翻拍，做成精美的纪念册。发现这个商机，是缘于一个偶然的机会：在母亲生日之前，为了给母亲一个惊喜，她把母亲的老照片进行了翻拍，然后设计成一本精美的纪念册。母亲非常喜欢这份礼物，回想着年轻时的点点滴滴……

做纪念册的时候，她发现一本10页的全彩印相册，成本才50多元，而市场上同等品质的相册价格则高达几百元、上千元。这个生意利润很高，而且做的人很少，为什么自己不尝试一下呢？

于是，她把想法和丈夫讲了。丈夫开始并不同意，原因很简单：这是个冷门，风险比较大，万一赔钱了怎么办？女士则说：“冷门怎么了？十几年前宝宝摄影还是冷门呢，现在不是成了大热门？”

女士说干就干，租了一个门店，利用自己的设计专业，以及之前的客户资源就开始了创业。为了拉客户，她还想到一个好办法——与蛋糕店合作。如果客户在蛋糕店订蛋糕超过300元，可以免费在她的小店翻拍一张老照片；如果客户在她这里翻拍老照片，可以得到蛋糕店的满减优惠。

她还与一些公司联系，推出企业发展老照片纪念册；与一些同学会联系，推出毕业××周年纪念册。这种团体业务非常赚钱，因为数量大，页数多，加之印刷成本低，经过几年的努力，她的生意越来越好，每年都会为十几个团队制作纪念册，利润非常可观。

人人都知道儿童摄影火爆，但是这个女士却看到了老照片纪念册这个冷门。因为善用逆向思维，不与别人争热门，她敲开了成功的大门。可以说，所谓的“冷”和“热”是相对的，成功缘于“冷”期而非“热”期，不妨看看身边的成功者，哪个不是最早行动的那个人？

市场上有“热”就有“冷”，所以我们要有独立的思维，不去凑那份热闹，不盲目跟着别人。当然，这不仅需要逆思维，更需要勇气，因为“冷门”通常是未知的，风险很大。这导致很多人无法战胜对未知的恐惧，就算想要进“冷门”，也不敢大胆尝试。所以，我们需要让自己勇敢起来，增强信心和勇气，敢做不一样的选择。

战国时期的白圭是当时非常有名的商人，做生意非常有一套，善于随机应变，而且善于运用逆思维。他时常秉持“人弃我取，人取我弃”的原则。在丰收季节，农民收获了大量粮食，粮价相对便宜，这时候大部分人不买粮食，而是买一些珍贵的东西，但是白圭却大量买进。此时蚕丝、漆类等物品短缺，价格自然非常高，他就把之前存下的货物卖出去。等到蚕丝、漆类等大量上市，价格便宜下来的时候，他就大量买进，然后再卖出之前存的粮食。因为总与别人做的相反，白圭利用低买高卖赚了大笔财富。

挖掘“冷门”总是充满风险，但是冒险不等于一定失败，只要有敏锐的眼光、正确的决策，以及探索和尝试的勇气，等待我们的就可能是巨大的收获和成功。

求异，也有了无限可能

成功和财富永远都藏在求异中，我们要跳出习惯性思维，做出与普通人不一样的逆向思考。求异，很简单，就是和别人不一样；但是也不简单，需要我们在思维中自觉地打破原来的定式、习惯以及成果，进行创新，产生新的、与众不同的、超出常规的结果。

所以，在生活中，我们需要采用逆向思维、扩散思维，把自己从狭窄、封闭、单一中解放出来，多角度、多方面、多层次地看问题，如此也能创造出无限的可能。那么，如何去求异呢？具体来说可以有三种思维：一是逆向思维，看到事物的对立面，能够倒过来去思考；二是批判性思维，对正向的、惯性的思维进行批判，对公认的、众人都吹捧的进行批判；三是创新性思维，不循规蹈矩，不让思路僵化、刻板，而是寻求与众不同，寻求新、奇、特。

善于运用求异思维，敢于求异、求新，自然会得到不同的收获。一对普通的农民夫妻，为了过上好日子，整天琢磨着如何赚钱。经过商讨，两人决定养牛。在农村发展养殖业是普遍的做法，有场地，有饲料，且不需要什么技术。果然，两人的辛苦没有白费，3年时间，他们赚到几万元钱。

第四年，农民遇到一个外地人，说是来买牛粪。夫妻俩觉得自己听错了，将信将疑地问："牛粪也能卖钱吗？"对方给出了肯定的答案，而且价格还不算低。夫妻俩心想：牛粪不值钱，平时只是用作耕地肥料，于是就痛快地签下了合约。合约规定：需要把牛粪晒干，一吨的价格为400元；对方秋天来收货，先付下1000元定金。这个秋天，夫妻俩晒了50吨牛粪，赚了2万元。

没有人要的牛粪竟然可以卖这么多钱，夫妻俩很兴奋，感觉这是一个潜力非常大的市场。于是，当村民都着力于养牛时，他们把晒牛粪当成主业，还收集其他养牛户的牛粪。后来，他还带动其他养牛户一起晒牛粪，带领大家走上了致富的道路。

赚了钱之后，夫妻俩没有满足，而是开始思考：为什么别人会购买这么多牛粪？人家买了牛粪干什么呢？经过多方打听，他们终于找到答案：原来牛粪被卖到福建，用来养双孢菇。当时双孢菇非常畅销，市场上的价格也比较高。既然人家能用牛粪种植双孢菇，自己是不是也能成功呢？他们发现本地乃至整个北方种植双孢菇的人并不多，市场上的产品都是从外地运送过来的，所以他们想尝试一番。

为此，他们专门去学了技术，并且尝试种了一部分，没想到竟然大获成功。这让夫妻俩更有信心了，直接投入30多万元建起3000多平方米的双孢菇种植基地。因为产品不错，供不应求，他们获得了几十万元的利润。

这还没有结束。夫妻俩又开始思考，寻求与别人不同的道路。后来，他们开始走循环经济之路，从养牛到卖牛，再到用牛粪种蘑菇、发酵沼气，打造出一套财富产业链条。

“牛粪生意”，听起来是一个另类的想法。但正是因为另类，所以才有市场，有无限的可能。这位农民原本和其他人一样养牛，只是一个偶然的机会让他发现了这个好机会，并且及时地抓住了。重要的是，他没有满足于已有的模式，而是不断地思索，力图创新，建立新的产业模式，所以才能够让自己的生意越来越大。

当地有那么多养牛户，也遇到了买牛粪的人，为什么没有人像他一样成功呢？其实，就是因为人们的思维不同。那些人太过循规蹈矩，没有求异的思维，没有尝试的勇气，或者说他们根本就不思考——别人买，我就卖；别人用买走的牛粪种双孢菇，能赚钱，我就跟着去做。不思维，不求异，自然无法成为那个卓越者。

普通人求同，聪明人求异。所以，培养自己的求异思维吧！不要害怕，不要犹豫，用不同于常人、常规的思维去思考和做事，就会得到不一样的成功。

把颠覆自己变成一种习惯

超越别人，这是很多人的目标。在常规思维中，只有超越别人、淘汰别人，你才能获得成功，成就更好的自己。在这样的思维影响下，人总是会和别人较量，为自己鼓劲，让自己不断努力，只是为了赢。事实上，自我超越和颠覆才是关键。在和别人较量的同时，不断突破自己、颠覆自己，之后才会持续优化、改变，发挥出自己的最大潜能。

超越别人，是自我能力的体现，而颠覆自己，则是自己的最大成就。在一些人看来，颠覆自己的人有寻常的思维，思想和行为都令人费解。但就是因为这些人不惜打破一切常规，不在乎别人的想法和言语，敢于超越自己，颠覆现有的、常规的，敢于发掘和创造新的东西，所以能拥有不一样的感悟与解决问题方式。

虽然颠覆者不可避免地会经历失败，且失败次数数不胜数，但是不破局怎能出局，不颠覆怎能有突破？很多人打破了常规思维，不断地向陈旧的事物发起挑战，颠覆现有的事物、思想和思维方式，成为名副其实的创新者和成功者。

乔布斯是一个创新者和颠覆者，他不甘心追随别人，不甘心守旧，于是在2001年推出了具有“扒歌、混制、烧盘”等功能的音乐软件

iTunes。虽然这一举动助燃了盗版，但也让无数年轻人实现免费音乐共享的梦，并让苹果赢得年轻人的喜欢。

之后，乔布斯没有停止，开始了新的探索，努力颠覆自己的产品。为了克服产品的局限性，他开始对iTunes进行改造、升级，于是便于携带、可以让人随时随地都能听到音乐的iPod面世了，又一次引起一波热潮。

乔布斯随时都在颠覆现有的东西，随时都在创新，且具有丰富的想象力。之前所有的电脑都有键盘，在人们的思想中，键盘是不可或缺的，否则人们如何输入、操作？乔布斯却大胆尝试，彻底废弃了键盘，创造出iPad、iPhone。就这样，乔布斯让人们见识到了平板电脑、智能手机的神奇，他也创造了一个新时代。

很多人认为颠覆者是疯子，确实如此，因为他们总是和别人的思维方式不一样，总是能做出惊人的举动。但是很多时候，颠覆者也等于创造者，等于成功者。任何一个新的事物，都是由一些人颠覆了原有的东西而创造出来的。之前是马车，后来有人敢想敢做，于是出现了汽车，再后来人们摆脱地面的束缚，颠覆了汽车，出现了轮船、飞机。每一个交通工具的出现，几乎都是一次颠覆、一种裂变。

所以，我们应该向这样的人学习，抛弃旧的观念和事物，不让固有思维束缚大脑，而是勇敢地去抛弃、突破，不断创新。不管成功与否，只要你有颠覆的思维，能做出颠覆性的举动，就可以收获更多。

比如时下经常被人们提及的新零售，就是作为一种新兴业态。它是超市，是餐饮店，也是菜市场，消费者可以到店购买，也可以在APP上下单，由对方送货上门。可以说，这种模式融合了超市、餐饮、电商和物流，完全颠覆了传统零食行业模式。

因此，想要成功，我们就需要成为颠覆者，主动地超越和优化自己，颠覆一些旧的观念和事物。但是颠覆并不容易，正因为这样，我们才需要改变传统的思维习惯，进行多向思维，不断创新和突破。

第八章 <<<

刻意改变：当一切改变时，改变自己

我们无法改变环境与现实，所以若是生活不如意，就必须改变自己的思维、心态和做事方式。同时，这个世界处于变化之中，我们更需要改变自己，在改变中寻求机会、突破与发展。

改变不了现实，就改变自己

如果你对生活不满意，那就改变生活；如果你身处困境之中，就要想办法破局。当无法改变现实、破局之时，我们就需要反转思维，从自身出发。很多时候，改变和破局的关键不在问题本身，而是我们的思维方式和看待问题的角度。

现实可能改变不了，就算付出极大努力，也无法如愿。这时候，苦苦挣扎反而让自己的境况更糟糕。既然如此，为什么不主动改变自己呢？要知道，唯一限制你的就是你头脑中的条条框框，改变自己的思维和心态，或许问题就会迎刃而解。

一位诗人生活得贫困潦倒，没有人愿意读他的诗，也没有人能理解他、欣赏他。他想要改变，但是心有余而力不足，不知从何下手，不知做些什么。带着对生活的无奈，他开始了一个人的旅行，希望能让自己好过一些。但是，旅行并没有给他带来快乐，因为他在路上遇到了不少麻烦和问题。

诗人准备回家，途中路过山村，突然听到远处传来一阵悠扬的笛声。美妙的笛声，跳动的音符，让诗人停下脚步聆听起来。没过多久，诗人的心情变得明朗起来，烦恼和无奈也被抛下了。一曲过后，诗人来到一片草地，发现了吹曲的人，于是和那人打了招呼。

那人脸上带着和煦的笑容，诗人从来没有见过如此的笑容，心想这个人肯定没有任何苦恼，也没有经历过艰难困苦。诗人开口道："你好，从你的音乐和笑容中可以看出你是一个没有苦恼的人，你的生活肯定很幸福，没有经历过失败，没有品尝过苦涩。"

那人摇着头，说："你猜错了。我的生活并不好，昨天我刚丢了心爱的马。"

诗人疑惑地问："那你怎能吹出这样欢快的歌，还笑得这么开心呢？"

那人笑着说："我当然要开心了。我的生活已经不好过了，再不吹出欢快的笛声，怎么能让自己快乐起来？我已经失去了一匹马，再不保持好心情，那损失岂不是更大？我们会遇到很多事，有好也有坏，有喜欢的也有不喜欢的。喜欢的，就享受；不喜欢的，就避开、改变它。如果实在避不开、改变不了，就接受它。接受不接受，是思维和心态的问题，不是事情本身的问题。但是思维和心态不同，结果也会不同。"

我们的能力有限，不能改变所有的东西，不能实现所有的目标。如果真的不能改变现实，那就需要改变自己，改变自己的行动方向，改变自己的心态。就好像我们不能让天空不下雨，那就改变自己，出门时带上一把伞，让自己的心情明朗一些。换换思维，换换心境，这又有什么关系呢？

就像故事中的那个吹笛人，虽然生活过得不好，也失去了自己心爱的马，这都是他无法改变的。但好在他懂得逆转思维，善于改变自己的心境，所以也能快乐地生活。相信拥有了这样的思维和心态，他的生活肯定不会永远这样。

达尔文说，世界上所有的生物都会根据环境和自身需求的变化而不断进化。因为在大自然面前，生物的力量是极为有限的，当大自然发生变化时，它们只能改变自己，然后适应环境。当然，人类也是如此，而且其改变更大更快。当人类无法改变恶劣的环境时，他们建造了房屋；消化不了生冷、难以消化的食物时，就创造了烹饪的方法；无法让两地变得更近时，就发明了交通工具……这些改变让人类生存下来，并且生活得更好。

是否还记得这段话：“当我还是个青少年，我的梦想是改变整个世界。当我渐渐成熟了，我发现世界是不可能改变的。于是，我把自己的眼光放得短浅一点，我要改变我的国家！但是这也似乎很难实现。当我到了迟暮之年，抱着最后一丝希望，改变我的家人。但遗憾的是，他们也不接受改变。临终之际，我才意识到：如果我改变自己，或许可以改变家人，然后在他们的激发和鼓励下，改变我的国家。谁知道呢，或许我连整个世界都可以改变。”

因此，有智慧的人，不做无法做到的事情，不去了解自身智力不能达到的领域。很多事情是改变不了的，即便我们付出再多，即便头破血流。这时候，我们需要改变自己的思维和心态，改变自己。这不是懦弱和逃避，而是一种智慧。不管是思维模式、做事方式的改变，还是心态的改变，都比不改变更能解决问题，只要改变或许生活和整个世界都不一样了！

不盲目，也别教条

如果没有一个好的计划，很多事情做起来都不顺畅和高效，很多人也不知道该朝着哪个方向走。计划是工作、生活中必需的，想要获得成功或是完成某一目标，我们必须做好计划，抛弃盲目，赶走迷茫。

就像一位哲人说的那样："成功的人生需要正确的规划，你今天站在哪里并不重要，但你下一步迈向哪里却很重要。"我们不仅要给自己的工作、生活制订一份计划，让它们按部就班、有条不紊地进行下去，更要有明确的人生计划。如同飞机需要规定航向一样，我们平时做好了计划、规划，才不会偏离方向、混乱飞行或是南辕北辙，才能如预期般获得成功。

有这样一个寓言故事：

一个冬天的上午，阳光充足，蚂蚁把储藏的粮食拿出来晾晒。这时候，一只饥肠辘辘的蝉走了过来，乞求它给自己一些吃的。蚂蚁惊讶地问道："夏天的时候，你为什么不给自己储存一些粮食呢？"

蝉回答说："那个时候，我正在唱歌，根本没有时间做这些。"蚂蚁无奈地说："如果你夏天的时候唱歌，那冬天的时候就去跳舞吧！"

这则寓言说明，有计划地工作、劳动，才能丰衣足食；否则只能挨饿。有了计划，我们才能知道什么时间做什么事情，才会有方向和重点，然后才有好的结果。有好的计划，可以让我们避免盲目和迷惑，但是很多人却陷入一种思维困局：做事讲计划，然后固执地按照这个计划去执行，就算环境变了、出了意外，依旧按照计划去行事，甚至不考虑计划是否还合理，只是一意孤行。

凡事都有意外，因为环境等客观条件的变化，很多事情可能会超出我们的计划。这时候，如果依旧死板地按照计划行事，不懂变通，不改变思维和行为，就会过于教条，结果也不会好。

做事情时我们可以制订计划，但是这个计划不是僵化的，非要教条地执行到底不可。当计划不适合自己时，事态已经发生转变，我们必须转变思维，改变计划，优化做事方案，找到更好的解决问题的方法。

就好像我们有一块土地，计划好了种小麦，之后努力浇水施肥，等待发芽、结果。但是，因为河水改道，这块地被水淹没了，种了小麦也不能好好生长。就算付出再多努力，也无法有收获。那么，为什么不改变计划，把小麦换成水稻呢？仔细想想，虽然它破坏了计划，但是到了秋天，不一样有收获吗？

有计划是好事，按照计划行事也是个好习惯。不过，教条地执行计划，不愿意动脑，不懂得发散思维，就会思想僵化。你制订了谈判计划，想好了向对方提出的问题、质疑，也阐述了自己的观点、主张。可是对方临时改变策略，这时候你若是机械地执行自己的计划，结果会怎样？你为某活动制定了方案，租好了场地，工作人员已经就位，产品也进入库房，嘉宾都请好了，但是出了意外，遇到了恶劣天气或是不可抗拒的因素，你还能强行推行计划吗？

事实上，我们会发现这个世界的变化实在太多了，存在太多的不可控因素，所以必须转变思维，认识到计划是可以变动的，要灵活地根据实际情况改变计划、执行计划，而不是让自己太死板、太教条。

因此，制订计划、规划的时候，我们不要求太完美、过于详细，当现实有变化的时候要及时改变计划。不盲目，不教条，以变化的思维应对变化，结果才会朝着好的方向发展。

不抱怨，工作才能一切顺利

抱怨是这个世界上最没有价值的东西。你抱怨，现实不会改变，他人不会改变，只有你自己会有所改变。它会让你变得更消极、沮丧、懒惰，失去努力的信心和动力，无声无息地糊涂下去。

没错，有时现实很残酷，职场工作并不顺利，但谁不是顶着压力在继续前行，谁不是过得不轻松？与客户斗智斗勇，应付老板的坏脾气，还要与同事展开激烈的竞争。如果抱怨有效，可以让客户痛快签单，让老板更大方、宽容，让同事更友好包容，恐怕没有人会那么拼命地努力了。正因为抱怨无效，改变不了任何事情，还会给自己带来消极影响，所以聪明者从来不抱怨，也会劝解其他人不要沉浸于抱怨。

所以，职场工作不顺的时候，不要只想着抱怨，这种思维模式只会让我们从积极变消极，从努力变懒散。我们需要逆转思维，把抱怨变为鼓励，不被提升，没有加薪，不是抱怨“为什么老板没有眼光，看不到我的努力”“这个工作没有前途，我要跳槽”，反而提醒自己“我需要提升了，要变得更优秀”“让老板看到我的价值，我才能升职加薪”。思维变了，行动就变了，结果自然也会变。

苗微是一所名牌大学毕业的高才生，毕业后进入一家公司做人事专员，表现不错，也得到了上司的肯定。但是工作两年多，她依旧是个人事专员，没有得到晋升，工资也没有上涨多少。苗微开始有些不满，认为上司不懂得识人用人，于是便向同事与朋友抱怨，发泄内心的不满。

有了不满，心态就变了，苗微的情绪也变得糟糕，在工作中越来越被动。尤其得知“能力不如自己”的同事得到提拔，成为人事主管之后，她更加愤怒，抱怨“明明自己更出色，为什么被提拔的却是别人”，抱怨“上司没有眼光，甚至有些用人唯亲”。

等到苗微再次和朋友抱怨时，朋友说了这样的话：“你总是抱怨，可是这有什么意义吗？你告诉我，你得到重用了吗？”苗微沉默了。

朋友继续说：“抱怨自己被埋没、工作不顺利的人都是愚蠢的，因为他们只会把自己推入更糟糕的境地。想要被重视、工作顺利，你应该激励自己、改变自己，让自己发挥最大的价值。这样一来，现实还不会改变吗？”

苗微陷入沉思，终于发现了自己的问题。于是，她停止抱怨，开始反思自己，并问自己：苗微，你总是想着升职加薪，但是你说说自己真的能胜任吗？你说说人事主管都负责什么工作？需要哪些能力呢？你与一位出色的人事主管的差距在哪里呢？提出一系列疑问后，苗微开始寻找答案，发现自己的执行能力很好，但是只能做一些辅助性的工作，无法独当一面和管理团队，自己需要学习和提升的东西还有很多。

明白了这一点，苗微开始激励自己不断提升、改变。果然，苗微的能力有了很大进步，让上司连连称赞。经过一段时间的成长和锻炼，苗微终于实现了升职加薪的目标。

工作不顺，或是得不到信任，有抱怨是正常的，这是发泄情绪的一种方式。但是，不能一味地抱怨，不反思，不冷静地反观自己是否真的存在问题，不思考如何解决现状，就会把自己推向错误的道路。

我们需要逆向思考，首先要清楚我们的抱怨依据是否站得住脚，是真的被针对、不信任、不被公平对待，还是太以自我为中心；是现实真的很残酷，还是自己太玻璃心。如果是后者，就应该改变自己。其次，我们需要解决问题，而不是发泄情绪。即便自己真的受了委屈，被安排了太多工作，被同事们排斥，或是老板要求严苛，也需要积极主动地解决问题，向相关人提出疑问、表示不满，比如对老板说“最近加班太频繁了，我承受不住了，希望您可以减少我的工作量”，这比单纯地发泄情绪要有效得多。

事实上，这个世界上有两种东西最廉价：一个是贫穷，另一个就是抱怨。那些工作不顺、生活一塌糊涂的人，绝大多数喜欢抱怨，对工作、老板、同事、客户充满不满，无时无刻不在发泄不满。而也因为牢骚一大堆，抱怨满天飞，这些人失去了激情、动力和责任感，让工作更不顺利，道路越走越窄。

所以，抱怨改变不了现实，那就改变自己。思考如何不再抱怨，如何提升自己，自然可以让问题迎刃而解。

你失败的原因不在别人那里

一个人失败的原因有很多，如客观环境的恶劣、对手的强大、别人的陷害，以及个人能力和经验的不足。很多人习惯地把失败归因于环境和他人，会抱怨：“如果不是条件不如人，我不会失败！”“如果不是有人搞破坏，我就成功了！”

这是正常思维，也是很多人的习惯性思维。然而，采用逆向思维，我们会发现：一个人失败的原因从来不在别人或是环境那里，而是在于自己。失败往往是从你的内心开始的，让你真正失败的，只是你自己而已。于是，不管是缺乏自信、没有勇气，还是放弃继续努力，认为自己注定走不出绝境，都会把自己打败。

一个年轻人，20多岁就进入了事业单位，做着清闲的工作，安稳且待遇不错。但实际上，他不是安于现状的人，始终想跳出体制内，到外界去闯一闯。后来，他辞职了，也换了很多工作，从普通员工到管理者，从打工者到自己开公司。

因为机遇和能力，他的想法成真了，成立了自己的公司，当上了公司的CEO。这家公司发展得非常不错，受到很多投资人的青睐，市值迅速飙升。这个年轻人也成为“80后”创业的代表，先后登上各种电视媒体、纸媒和网络媒体，还被邀请到中央电视台的《对话》《经济半小时》等节目做嘉宾。

他成功了，被很多人熟知，也成为很多人心中的偶像。他从来没有想过失败，也没有想过自己被冠上“失败者”的头衔。可是，事情总是出人意料，因为种种原因，他不得不离开自己创办的公司，之后虽然做了很多尝试，也做了不少努力，但都以失败告终。他投资了一个教育项目，最后不了了之；他和朋友合伙创业，也失败了；开始进军新领域，给别人打工，依旧是失败……

失败，失败，失败，他背负着巨大的压力。为了赢得一个翻盘的机会，他四处奔波，绞尽脑汁，甚至把全部家当都投入进去，结果还是失败。于是，他认同了别人的想法，认定自己是一个失败者。他将失败归因于现实，认定自己无法打败现实，无法再成为成功者，于是选择了自杀，结束了自己的性命。

年轻人走得很艰难，从成功者到失败者，从人们心中的偶像到一无是处的倒霉蛋，虽然努力过、奋斗过，但是一次次失败，一次次打击，让他疲惫不堪。他承认了失败，也定义了自己的最后结局。然而，他却忘了，这并不代表他是最终的失败者，永远不再成功。不到最后一刻，任何人都不能判定自己永远不会成功。你若判定了，真的就只有一个结果了。

来看这个故事：

一个人被意外锁在了冷库里，他清楚地知道他面临的困境，如果出不去，用不了一个小时，自己就会被冻死，所以他非常焦虑、恐惧。一个小时后，冷库被人打开，这时候他已经死了。但是工人们检查了车厢，发现冷气开关并没有打开，冷库内的温度是15摄氏度，而且有足够的氧气。

既然如此，为什么这个人会被“冻”死了呢？很简单，他给自己判了死刑，因为他坚信：在冷库里，自己是不能活命的！因为只想到最糟糕的结果，也没有想办法自救，所以他“杀死”了自己。

所以，我们应该认识到：失败的原因在于自己。尤其是在遭受多次失败时，我们要学会用逆向思维来思考，战胜自己，再战胜环境、他人。不管之前经历了什么，不管之前的结果是好是坏，都要坚信打败自己的人只有自己，失败的原因多在自己身上。当你不被他人左右，不被自己打败，便可以迎来转机和成功。

越是成功，越要学会“变”

处于低谷，我们要学会“变”，转变思维，转变行为方式，更要转变心理状态。不思变，便摆脱不了自卑、沮丧，战胜不了自己，自然无法走出低谷。这一点，很多人懂得，也基本能做到。然而，许多人忘了在成功的时候去思变，一旦成功了就不再改变，保持着旧有的思维、行为和心态。

殊不知，越是成功的时候，越到了转变的关键时刻。不学会“变”，习惯用原有的思维看问题，习惯按照成功的路往下走，往往就离失败不远了。过五关斩六将的关羽，是蜀中最猛的大将，几乎无人能敌，但却因为大意失了荆州，丢掉性命。法国的拿破仑，曾经称霸欧洲大陆，成为战绩最辉煌的“大帝”，然而却兵败滑铁卢。

成功的时候，人最容易产生惰性，陷入满足、自傲的思维陷阱，然后让行为产生偏差。所以，不要在成功之时停下来，而是要做好随时迎接挑战的准备，随机应变。

有一家制胶厂，随着竞争的日趋激烈和时代的飞速发展，越来越不适应市场发展，到了破产的边缘。正当人们都以为工作即将不保的时候，一个年轻有魄力的管理者上台了，接手了这个“烂摊子”。

一上任，他就大刀阔斧地改革，改变工人的思维和心态，改变企业的经营模式。他开始实行股权激励措施，拿出20%的工厂股权出售给全部工人，让工人成为工厂的主人；同时，给予中层、高层管理者以及核心技术工人额外的股权，刺激其积极性、热情。这一措施，果然让工人们摆脱了混日子、只图温饱的想法，不仅努力工作，还为工厂扭亏为盈献计献策。

通过对市场的考察，他获得了一个准确的信息：制胶业市场产品过剩，许多回收再生工厂纷纷倒闭。想要有出路，就必须求变。于是，他积极思考和探索，寻找新的发展机会，最后他决定生产皮革制品。当地畜牧业兴旺，盛产皮革，于是他开始用皮革制作各种产品，包括手提包、背包、儿童书包、旅行包等。很快，其产品占领市场，工厂效益越来越好，实现了扭亏为盈。

他们获得了成功，其他工厂开始效仿，纷纷转向生产这些皮革制品。这时候，他又开始思变，不再生产那些畅销的产品，而是生产皮鞋、皮衣、皮夹克等服装。对于这个行为，工人们非常不解，认为工厂好不容易赚到钱，就不应该瞎折腾了。一些人直接质问他："我们的产品这么畅销，且已经在市场上具有优势，为什么要生产其他产品？""对于生产服装，我们一点儿经验都没有，而且还要花费大量资金购买设备，这不是很冒险吗？"

他笑着说："不管什么时候，我们都应该思变。尤其是成功或取得一定的成绩时，更应该大胆地转变思维和行为。"工人们不懂，但是也相信了他。果然，一年后，因为大量工厂争抢生产手提包、皮包等产品，产品供过于求，许多工厂只得低价销售，甚至一些小工厂还陷入破产的困境。这时候，工人们才意识到管理者的先见之明。

人都有惰性，而这种惰性在获得成功之后尤为明显。很多时候，成功之后，我们就容易满足，陷入一种思维定式，不愿意改变，甚至没有意识到自己应该改变。殊不知，因为成功而停下前进的脚步，就会为下次失败埋下祸端；因为成功，就按照成功的模式持续走下去，不去考虑环境的变化，不改变旧有的思维，成功立即会转变为失败。

所以，古人告诫我们："盛名之下，其实难副。"不要习惯性地从表面来看待成功，不要把成功当作结局。越是成功，越要学会转变思维、行为，这样才能迎来一个又一个成功。

反转思维，在变化中追求不变

世界在变化，为了不被淘汰，我们不得不成长和突破。想要成长和突破，改变是必然的。虽然我们的做事方式、沟通方式以及思维习惯都有着属于自己的一套模式和习惯，但是想要变好，就需要突破。在这个过程中，我们或许有些焦虑、不安，心有恐惧，然而敢于改变、善于改变，才能够在变化的世界中实现前所未有的突破，准确地找准自己的坐标。

当世界变化时，改变自己，是为了适应变化。然而很多时候，我们需要学会逆转思维，在变化中追求不变，改变应该改变的，保持应该不变的，经历一切后，无论在哪里、在什么时候，都会赢得更多。比如，在一个快速变化的时代，面对自己的事业，我们需要改变思维和行动，努力适应变化，提升和突破自己。与此同时，还需要拓展思维，思考哪些东西是不变的——对于事业的坚守和热爱。

若是适应变化而不断改变自己，环境变了就换一个环境，工作内容变了就换一个工作，客户资源变了就放弃了，或是时间长了，热情就消散了，没有了之前的积极和主动……结果是，人总是在“变化”，却在变化中迷失自己，最后什么也没有得到。

这个世界是变化的，但有些东西是不能改变的。比如做一件事时，我们确定了目标和方向，只要是正确的，就应该坚持下去，不随意改变。我们的热爱、忠诚、忍耐，就应该保持不变，就算面对质疑、失败、挫折也是如此。

从前有一个国王找到一个当时最负盛名的智者，要求他送给自己一个能保证自己永不失败的箴言。智者答应了国王，把这句话写在一张纸上，并且藏在国王手上的宝石戒指里，然后对他说："一切智慧都在戒指里，不到万不得已，不要拿出它，否则就不灵验了。"

国王非常听信智者的话，一直把戒指戴在手上，也没有动过那张字条。几年后，国王与邻国发生战争，不幸失败了，敌军攻进都城。虽然国王率兵拼死抵抗，但仍兵败如山倒。城破了，国王只能逃出都城，带着残兵四处躲藏，一边战斗，一边图谋着反击。

一天，国王来到河边，看到自己狼狈的倒影不禁伤心欲绝。从高高在上的国王到东躲西藏的"丧家之犬"，这个巨大的转变让他有些心灰意冷，甚至想要放弃。突然，他想到了智者留给自己的话，或许里面有锦囊妙计呢？于是，国王取下戒指，展开字条，发现上面写着：不管世界如何变化，保持初心不变，一切都会过去。

是的，世界变了，环境变了，但是初心不变，战斗的心不变，就可以赢来胜利。顿时，国王又燃起热情和希望，积极招揽士兵、百姓，与敌人进行顽强斗争。最后，他赶走了敌人，重返都城。

变，是为了适应变化，找准位置和方向；不变，则是坚持做正确的事，追求内心的目标。两者不是悖论，也不矛盾。在变化中，我们要改变思维、改变行为，才能带来认知、能力和心态的转变，然后脱离困境。同样的道理，在变化中，我们要保持初心和热情，坚持追求、认准目标，才能在多变的人生中获得最后的胜利。

当然，除了以上内容，我们还需要思考一个问题：现实生活中，如何在多变的世界中寻求不会改变的东西。这个东西可能是不可代替的，可能具有某种优势，也可能给我们带来新的机会。

随着时代的发展，新的商业模式不断颠覆传统，新的技术层出不穷。这时候，人人都在思变，想要适应变化，有所突破。但是亚马逊的贝索斯的思维却与其他人不同，他提出这样一个问题："未来时间，什么是不变的？"

经过思考与观察，他找到了不会改变的事情：一是无限选择；二是最低价格；三是快速配送。不管商业模式如何变化、技术如何更新换代，想要做好网站、满足消费者的需求，就必须在这三件事上保持不变。于是，他在改变的同时，也开始追求不变——把亚马逊的资金和资源用在这三件事上，把它们作为公司发展的重点。正因如此，亚马逊获得了巨大成功，也在激烈的竞争中占据优势。

因此，不要为了变化而变化。采取逆向思维，在变化中追求不变，不迷失自己，也不丢掉优势，便可迎来突破。

离开旧的圈子，谋求大的发展

当我们发现自己变得狭隘，在圈子里待得舒适之时，就应该想着离开，改变所处的环境，转变自己的思维、视野。道理谁都懂，但是离开却并不容易，因为在熟悉的环境里，我们感觉更舒适，于是便找各种理由和借口，让自己继续蜷缩着。因为认知有限，接触的人和事也有限，所以无法产生新的思想，也很难有新的视角、新的思维。

正因如此，我们就越应该离开旧的圈子，否则思想会越来越狭隘，认知越来越低下，思维也越来越僵化。在圈子里，你可能有一定的发展，但是永远不会有什么突破。就算成为圈子里最成功的人，比身边的人更优秀，也只是鸡群中的佼佼者，无法达到鹤群中普通者的水平。

毫不夸张地说，不离开圈子很难有大的发展，不舍弃舒适与熟悉的人和事，就别提要开辟一片新的天地。生意场上，很多人积极扩张人脉，认识比自己优秀的人，就是想要离开小圈子，进入更大的圈子。这不是趋炎，也不是迎合，而是给自己营造一个好的环境，以便改变视野和认知。

有一部很火的电视剧《三十而已》，其中的女主角顾佳，长得漂亮，是一个学霸，智商、情商都非常高。她和丈夫经营一家烟花公司，小有成就，可以说是富裕的中产阶层。但是，她认为这个圈子不能满足自己，想要有更好的发展，就需要进入更大的、高水平的圈子。于是，她想办法进入富太太圈，尽管其中有些波折，也受到别人的冷眼，然而真正地开阔了她的视野，为之后的个人创业奠定了基础。

当然，我们主张进入新的圈子、认识不同的人，不是夸大身份焦虑——彰显我是有身份的人，突出我认识谁，与谁关系好。阿兰·德波顿在其著作《身份的焦虑》中写道："一旦衣食无忧，我们在意着显耀的身份，实际上是在意这些身份为我们赢得的'爱'。"这不是我们的目的，我们的目的是改变——通过环境的改变，改变思维，改变命运。

虽然现在网络发达，我们可以通过它见识到这个世界的丰富多彩，了解自己想要了解的一切。但是，不打破自己的圈子，只能是坐井观天罢了。所以，当我们意识到圈子比较小，自己变得比较狭隘时，就赶快离开吧！走出自己的小圈子，寻求新的突破，才能获得更多机会以及无限的创造力。

陈聪出生于一个贫困的家庭，来到大学后，她才知道家乡实在太小了，自己的思想太狭隘了。所以，毕业后，父母让她回县城，找个安稳、清闲的工作，她毫不犹豫地拒绝了。她只身来到上海，进入一家培训公司做讲师，工作虽然辛苦，但是收获颇多。

很多在上海漂着的年轻人，都会选择价格比较便宜、位置比较偏的处所，陈聪却没有这样做，而是租住在一个离公司比较近的公寓楼里。虽然是和两个女孩合租，但是这个公寓楼的住客都是白领，还有一些在外企工作的金领。和陈聪合租的两个女孩就是这样，一个在杂志社做编辑，一个在外企做企划。因为经常和她们沟通，陈聪的思维有了很大转变，接触到了之前没有接触过的思想，也储存了新的力量。

陈聪不是一个安于现状的人，工作期间，她不断提升自己的专业能力，同时学习管理方面的能力和知识。3年后，她成为培训讲师团队的小领导，5年之后带领一个10多人的团队。在工作中，她有意识地结识一些高学历、事业成功的客户，积累了大量人脉。又过了5年，陈聪放弃高薪，成立了一家属于自己的培训公司，之前积累的人脉则给予她很大的帮助。

圈子，决定了我们的发展。进入大的圈子，是我们通向成功的捷径。就像陈冲，如果回到县城，恐怕只能平淡地过一生。相反，她来到了大城市，接触了有思想、有能力的人，所以开阔了视野，也让思想灵活起来。

可见，我们需要有效社交，与有价值的人交往，与高价值的人站在一起。同时，不要把自己封闭在一个固定的环境里，也不要被小圈子的舒适所困住。离开旧的圈子，寻求新的突破，就会发现人生有无限可能，而自己可以站在更大的舞台上。

别给自己太多选择，否则变的是我们的心

当生活中只有一种选择时，我们的内心是平静的，会感到快乐和满足，也更容易到达想要到达的终点。但是一旦我们的选择多了起来，内心就变了，伴随着犹豫、渴望、患得患失，想得到这个又想得到那个，然后就迷失了。

因为过多的选择就意味着过多的诱惑，抵挡不住诱惑，我们会变得越来越贪婪、摇摆不定，也让自己的内心越来越累。好像我们到商场买衣服，看到琳琅满目、款式不一的衣服，瞬间就不知道该选择哪一个了，看到一件就喜欢，想要试一试，买回家，然后陷入纠结和矛盾之中。

女孩学习很刻苦，成绩也非常优秀，高考时取得了非常好的成绩。在女孩面前，有三个选择：一是出国留学；二是报考自己喜欢的专业和学校；三是报考就业前景好的专业和学校。面对多个选择，女孩没有了之前的喜悦，反而开始惆怅起来，既想出国，又不愿意放弃自己喜欢的东西，既想追求自己喜欢的又担心之后没有好的发展。

女孩妈妈看出女孩的纠结，她并没有说什么，而是特意给她准备一桌丰盛的菜肴。席间，女孩正夹起一块喜欢的酸菜鱼，妈妈便递给她同样喜欢的口水鸡。女孩把酸菜鱼放进口中，用筷子夹住口水鸡，谁知妈妈又递给她一块鸡翅。女孩一边嚼一边口齿不清地说："妈妈，你递给我这么多东西，我怎么来得及吃下？"

妈妈笑着说："是啊，东西太多了，你有点儿应接不暇了。所以，你得选择最喜欢的、最想吃的，暂时放弃其他，而不是都想选择，让自己陷入纠结和混乱。"瞬间，女孩明白了什么，低下头思考。

妈妈继续说："有太多选择，确实让我们不知如何做决定。但是你要知道，越是面对多项选择、多种诱惑，我们越需要冷静，看清自己的心，不要想太多，否则受累的是我们自己。"

听了妈妈的话，女孩开始冷静思索，最后选择了自己喜欢的专业和学校。四年后，她收获了累累硕果，也收获了满足和快乐。

其实，纠结、烦恼都是我们自己营造出来的，因为想要的太多，不想失去，于是在摇摆不定中迷失自己，也让自己的生活一塌糊涂。很多时候，人们还会陷入这样的模式：选择了这个，心中却想着那个，于是选择的那个也变得不那么好了，失去的那个成为"白月光"。因为这样的心态，我们不再珍惜所选择的，不再为之努力，最后弃之如敝屣。因此，面对过多选择、太多诱惑，我们应当让自己变得冷静、内心变得平和。不要想太多，不左右摇摆，就容易获得满足、幸福的生活。

来看下面的故事：

一位诗人为了追求心灵满足，开始了远行，从一个地方到另一个地方。诗人的前半生都在路上，有时风餐露宿，有时跋山涉水，经历了风霜，也经历了危险。他可以选择稳定的生活，舒服地过日子，但是他没有这样做，反而选择了自己喜欢的生活方式。

后来，诗人年老了，行动也有些不方便。这时候，政府为了表彰他在艺术方面的贡献，为他免费建造了一所住宅。但是，他拒绝了，因为他不愿意自己的生活有太多的选择，不愿意为物质、享受所诱惑。

他继续旅行，在旅途中度过了一生。诗人死后，朋友为他整理遗物，才发现他只有一个简单的行囊，里面只有简单的衣物和写作用的纸笔。

诗人是个充满智慧的人，选择了简单的生活方式，抛弃了过多的选择和诱惑，所以内心始终平和、安静，也获得了快乐和满足。对于生活，每个人的理解都是不一样的，但可以肯定的是，如果一个人想要太多的东西，纠结于选择，就会让生活变得复杂，让自己陷入痛苦。

因此，别给自己太多的选择，面对选择时也别左右摇摆，想要这个，也想要那个。恰如尼采所说："如果你是幸运的，你必须只选择一个目标，或者选择一种道德而不要贪多，这样你就会活得快乐些。"不给自己过多的选择，是改变思维，也是改变自己的生活，思想上不纠结，内心不贪，生活就会简单多了，也更容易得到。